梯级水库泥沙淤积规律
及其调度技术

赵瑾琼　卢金友　著

科学出版社

北京

内 容 简 介

　　梯级水库的兴建将显著改变水沙组合条件，这种变化既包括短时间尺度的径流变化、长时间尺度的泥沙缓慢冲淤，也包括水沙之间的相互耦合作用，必然对防洪、发电、航运等产生一系列复杂的影响。本书以三峡及其上游水库群为主要研究对象，综合研究揭示了单个水库平衡纵比降与调度方式、水沙条件的响应关系，阐明了梯级累积作用下水库泥沙重分布特性，构建了梯级水库水沙联合优化调度模型，并提出了求解技术，同时将其应用于溪洛渡、向家坝、三峡梯级水库调度方式优化。

　　本书资料翔实、内容丰富，可供河流泥沙运动力学、枢纽泥沙、水库调度等相关专业的科研人员及高等院校相关师生参考。

图书在版编目（CIP）数据

梯级水库泥沙淤积规律及其调度技术 / 赵瑾琼，卢金友著. —北京：科学出版社，2022.1

ISBN 978-7-03-067588-0

Ⅰ．①梯⋯　Ⅱ．①赵⋯　②卢⋯　Ⅲ．①梯级水库-水库泥沙-泥沙淤积-研究　Ⅳ．①TV145

中国版本图书馆CIP数据核字（2020）第260853号

责任编辑：范运年　王楠楠 / 责任校对：严　娜
责任印制：吴兆东 / 封面设计：蓝正设计

科 学 出 版 社 出版
北京东黄城根北街16号
邮政编码：100717
http://www.sciencep.com

北京中科印刷有限公司 印刷
科学出版社发行　各地新华书店经销
*

2022年1月第 一 版　开本：720×1000　1/16
2022年1月第一次印刷　印张：11
字数：221 000

定价：138.00 元
（如有印装质量问题，我社负责调换）

前　言

泥沙淤积是在多沙河流上修建水库后必然出现的问题，而我国水库泥沙淤积尤为严重。泥沙淤积及其分布影响水库综合效益的发挥，决定着水库使用寿命及调度方式的选择，对泥沙问题的认识往往关系到工程兴建的成败。当前，我国绝大多数河流已经形成或规划了梯级滚动开发的态势，水库来水、来沙过程和泥沙输移特性及其与防洪、发电、航运间的响应关系均将发生系统而深远的变化。研究梯级水库泥沙淤积规律及其调度技术对梯级水库群实现长期有效运行、获取最大综合效益具有重要的现实意义。

本书在总结分析前人研究成果的基础上，探讨水库单独运行时泥沙淤积与水沙条件的响应关系，阐释梯级累积作用下水库纵剖面及局部典型河段演变特点，进而将水沙动力学与运筹学相结合，通过分析泥沙淤积对各运用目标的影响及各目标间的相互关系，建立梯级水库水沙联合优化调度模型并提出求解技术，最后将其应用于溪洛渡、向家坝、三峡梯级水库水沙联合优化调度研究。

本书是在作者博士学位论文和国家自然科学基金项目"水库水沙联合优化调度目标函数"（51209018）、"通航河流水库水沙联合优化调度研究"（51779014）与国家重点研发计划项目"长江泥沙调控技术研究与示范"（2016YFC0402309）等的基础上撰写而成，全书共6章。第1章为绪论，阐述本书研究的背景和意义，总结归纳前人在梯级水库泥沙淤积规律及梯级枢纽群水沙联合调度技术方面的研究进展；第2章总结水库输沙能力与排沙比变化特点，依据实测资料建立超饱和输沙条件下恢复饱和系数与悬浮指标的经验关系公式，进而在此基础上探讨水库平衡纵比降与调度方式、水沙条件的响应关系，研究水沙条件变化对局部河段演变趋势的影响；第3章在分析梯级水库水沙条件变化特点的基础上，对梯级累积作用下各级水库淤积差异、水库纵向淤积形态发展过程、平衡纵剖面变化特点及其与水库单独运行时的异同进行阐述，并研究梯级水库兴建条件下变动回水区典型河段演变趋势；第4章分析水库一般综合运用目标各自的特点以及运用目标的数学描述，探讨水库泥沙调度的内涵及梯级作用对水库各综合运用目标的影响，进而明确对梯级水库设计调度方式进行优化的基本原则，在此基础上根据多目标决策的特点，结合梯级水库泥沙运动规律，建立以长期发电效益最大为目标的梯级水库水沙联合优化调度模型；第5章在分析现有设计调度方式下溪洛渡、向家坝、三峡梯级水库防洪、发电、航运效益及其相互制约关系的基础上，明确了梯级水库防洪目标与泥沙问题对蓄水时间变化的限制作用，揭示了梯级调度方式组合变化对溪洛渡、向家坝、三峡水库发电效益的影响，最后利用建立的梯级水库水沙联合优化调度模型对溪洛渡、向家坝、三峡水库梯级蓄水时间组合进行优化；第 6 章为结语，对全书主要结论进行总结，展望梯级水库水沙联合优化调度技术的研究方向和前景。

第 1 章由赵瑾琼、卢金友撰写；第 2 章由卢金友、赵瑾琼、张先平撰写；第 3 章由赵瑾琼、元媛、毛冰撰写；第 4 章由赵瑾琼、邓春艳、周建银撰写；第 5 章由赵瑾琼、龙瑞、张先平撰写；第 6 章由赵瑾琼、卢金友撰写。全书由赵瑾琼统稿。本书项目研究过程中得到武汉大学李义天教授、邓金运副教授和长江科学院姚仕明教授级高级工程师、张细兵教授级高级工程师、王敏教授级高级工程师、万建蓉教授级高级工程师等的指导，在此对他们的帮助表示诚挚的感谢。

本书还得到了中国科学技术协会青年人才托举工程和中国水利学会的资助支持，特此致谢。

限于作者水平和现阶段的认识，书中难免存在一些疏漏和不妥之处，衷心希望读者批评指正。

作 者

2021 年 4 月

目　　录

第1章 绪 论

1.1 研究背景及意义

1.1.1 泥沙淤积及其危害

水库的修建会打破河流本身已有的冲淤平衡,水库建成开始蓄水后,使得河流渠道化,在库区内形成相对静止的环境,从根本上改变了天然河流的水动力条件,水深流缓,从而必然引起库区内泥沙的落淤[1]。至 20 世纪末,全球范围内每年泥沙淤积所引起的水库库容损失率就接近 1%,相当于每年损失 500 亿 m³ 的库容[2]。其中,美国自 20 世纪 20 年代以来修建的综合利用水库总库容已达 5000 亿 m³,每年淤积损失库容达 12 亿 m³,年平均库容损失率约为 0.22%,而 1935 年以前兴建的水库中,完全淤废的达 10%,损失库容 1/2~3/4 的占 14%,损失库容 1/4~1/2 的占 33%;在日本,河流一般较短,坡降较大,虽然含沙量不大,但因为库容一般较小,所以淤积速率仍然较快[3],1912~1972 年库容大于 10⁶m³、坝高在 15m 以上的 265 处水库,平均库容损失率已达 20.63%,其中有 5 座水库已淤满[4]。在气候干旱、暴雨强度大、水土流失较为严重的国家和地区,水库淤积尤其严重。据对苏联中亚地区 41 座灌溉及发电水库的统计[4],坝高在 6m 以下的灌溉水库,淤满年限为 1~3 年,坝高 7~30m 的发电、灌溉水库,淤满年限则为 3~13 年;据 1960 年的统计,阿尔及利亚[4]大型水库库容损失率约为 1.2%,中型水库(库容 0.1×10⁸~0.5×10⁸m³)库容损失率则为 1.8%;据 1969 年的统计[4],印度大于 10×10⁸m³ 的水库共 21 座,总蓄水量为 1260×10⁸m³,平均库容损失率为 0.5%~1.0%,有的可达 2.0%。其他国家或多或少都存在泥沙淤积的问题[5],津巴布韦年平均库容损失率超过 0.5%;摩洛哥约为 0.7%,土耳其年平均库容损失率则达到了 1.2%。

我国许多河流都富含泥沙[6],从而造成我国水库泥沙淤积问题严重。截至 1981 年底,在全国 236 座有实测资料的水库中,总淤积量已达 115 亿 m³,占统计水库总库容的 14.2%,年均淤积量约 8 亿 m³,年平均库容损失率达到了 2.3%,高于世界其他各国[7]。尤其是中华人民共和国成立初期兴建的一些水库,由于当时对淤积问题认识不足和缺乏可供参考的经验,水库建成后泥沙淤积数量大、速度快,由泥沙淤积带来的问题非常严重。这一时期我国兴建的部分水库淤积情况如表 1.1 所示[8]。据陕西省 1973 年的统计[9],1970 年以前建成的 120 座水库损失库容已达 53.3%,其中 43 座水库完全淤废,在比较严重的延安和榆林地区,损失库容分别占其总库容的 88.6% 和 74.6%[10]。另据山西省对全省 43 座大、中型水库的统计，43 座水库总库容为 22.3 亿 m³，至 1974 年库容已损失 31.5%，平均每年损失 0.5 亿 m³；其中山西桑干河上的册田水库，1960～1983 年总淤积量占总库容的 102.5%；青铜峡水库 1967 年 4 月蓄水，至 1996 年 12 月总库容损失率近 95.8%[11]；盐锅峡水库 1961 年蓄水，至 1998 年总库容损失率达 85.2%，兴利水库库容损失率为 50.8%[12]。

表 1.1 我国部分水库淤积情况[8]

序号	库名	河流	原始库容/亿 m³	统计年限	总淤积量/亿 m³	淤积占原始库容百分数/%
1	三门峡	黄河	77.00	1958～1966 年	33.91	44.0
2	汾河	汾河	7.00	1960～1976 年	2.39	34.1
3	青铜峡	黄河	6.07	1967～1971 年	5.27	86.9
4	巴家咀	蒲河	2.57	1960～1972 年	1.58	61.5
5	盐锅峡	黄河	2.20	1962～1965 年	1.50	68.2
6	新桥	红柳河	2.00	1960～1973 年	1.56	78.0
7	册田	桑干河	2.00	1960～1969 年	1.29	64.5
8	旧城	芦河	0.58	1960～1973 年	0.58	100.0
9	镇子梁	浑河	0.36	1959～1973 年	0.29	80.6
10	张家湾	清水河	1.19	1959～1964 年	1.01	84.9

从我国各主要流域的水库淤积情况来看[13]，黄河流域截至 1989 年全流域共有小(Ⅰ)型以上水库 601 座，总库容为 522.5 亿 m³，已淤损库容达 109.0 亿 m³，占总库容的 21%；其中黄河干流水库淤积 79.9 亿 m³，占干流总库容的 19%；支流水库淤积 29.1 亿 m³，占支流总库容的 28.5%。在长江流域，上游地区共兴建水库 11931 座，总库容约 205 亿 m³，水库年淤积量为 1.4 亿 m³，年平均库容损失率约为 0.68%；其中大型水库 13 座，总库容 97.5 亿 m³，年平均库容损失率为 0.65%。甚至在含沙量较低的珠江流域兴建的水库也存在不同程度的淤积问题，有时也可能成为工程设计成败的关键[14]。水库泥沙淤积的严重性由此可见一斑。

水库泥沙的大量淤积，可能导致在仍有大量可淤库容的情况下严重影响水库综合效益的发挥，缩短水库使用寿命。

首先，对于有防洪任务的水库，泥沙淤积使得水库防洪库容减少，导致水库调洪能力降低，从而降低对下游防洪对象的防护能力，如山西镇子梁水库[15]到 1973 年汛期，已损失库容 80.6%，使水库防洪标准从 100 年一遇的洪水降低到 20 年一遇的洪水；宁夏青铜峡水库[16]运用仅 5 年，就损失库容 86.8%，水库调蓄能力大为降低。并且泥沙淤积和回水上延[17]可能会造成城市、工厂、农田以及交通干线、旅游景点、历史文物等淹没，给水库上游带来防洪风险，如内蒙古三盛公水库[18]由于泥沙淤积，水库回水范围自 1962 年的距坝 30km 上延到 1971 年的 43km 以上；山西镇子梁水库[15]淤积上延问题引起的淹没、浸没损失赔偿总额达水库建设投资的 1.8 倍。

其次，对于像在长江这种有通航任务的河流上修建的水库，其航运效益也受到泥沙冲淤变化的影响[19]。一方面，变动回水区的冲淤将对航道产生影响：枯水期消落冲刷时，库水位下降的速度大于河底淤积物冲刷速度，且河面较开阔，难以发展成单一的主槽或主支槽移位以及流量小等，往往使该处在一定时期内航深不够；当库水位在最低水位停留较长时间时，在回水末端及相邻下段的库面开阔段有可能产生主槽摆动不定、深槽不连通而使通航困难；变动回水区中、下段，在横剖面淤积较大河势发生改变的河段，主槽移位，原通航主槽被淤或不能通航，而新主槽中可能由于基岩、礁石过多，船只航行困难；在变动回水区中、下段，由于河道淤窄，出现大量淤积边滩，若这些边滩恰好位于港口、码头，则有可能影响船舶停靠和作业，使船只无法进港。另一方面，水库拦沙、清水下泄，引起坝下游河床冲刷[20,21]及变形，同流量情况下坝下航道水位也会随之下降，航道水深不足轻则使过往船只减载，重则引起断航，对航运会带来一系列不利影响[22]。

以上问题均是由于在运行中忽视了对泥沙的调度，仅注重对径流过程的调节，从而造成水库防洪、航运效益损失巨大，水库综合效益的发挥大受限制，其中的某些效益甚至丧失殆尽。水库淤积不仅直接影响水库效益的发挥，还可能产生一系列危害[19]。例如，坝前建筑物的泥沙问题，如船闸和引航道淤积、水轮机进口及渠道引水口进沙等，盐锅峡水库[23]在刘家峡水库投入运行以前，曾出现拦污栅堵塞，形成停机和降低出力从而造成损失；陕西省乾陵水库在 1970 年 8 月的一场洪水中，没有及时开闸泄流排沙，致使进水压力洞被堵死[24]；碧口水库 1995 年也曾发生排沙洞被淤堵的事件[25]；苏丹的 Khasm 水库由于泥沙淤积，位于库区的某取水口被堵死[5]。又如，对调节系数较大的水库，淤积在一定程度上可能会加剧水库水质污染，水中悬移质泥沙增多，改变了水中溶解氧含量，这种变化可能会对生物的正常生长不利[26]。此外还有淤积上延增加上游地区淹没范围，引起土地盐碱化的问题，永定河官厅水库淤积末端向上延伸近 10km，造成当地地下水位抬高 3~4m，使两岸盐碱地面积扩大 14 倍[27]，官厅水库的淤积造成了水库防洪标准降低、供水缺乏保证、库周淹没损失逐年扩大等一系列问题[28]。另外，黄河上修建水库甚至加剧了河道断流[29]。

由此可见，在水库规模、来水来沙一定的条件下，水库效益的发挥不仅仅由水库水量的蓄、泄方式决定，还与水库中泥沙淤积的发展过程、数量及其分布有关：泥沙淤积在防洪库容内，减少水库防洪库容，降低水库调洪能力；变动回水区碍航河段的淤积发展趋势及其与坝前水位的相互关系决定着河段是否碍航及碍航出现的时间；坝下游河段河床冲刷引起水位降低，其与下泄流量年内过程的变化共同决定了坝下游河段的航运效益。

综上所述，水库泥沙淤积问题往往决定了工程兴建的成败，水库调度方式的制定除应通过一定的排沙方式实现水库防洪库容的长期保留外，对于有航运目标的水库，由于仅靠反映蓄、泄关系的径流调度无法准确衡量水库航运效益，更应在水库设计之初就对坝上、下游典型河段航道条件随河道冲淤演变的变化进行研究，即需要进行水沙联调。因此研究水库泥沙淤积规律不但是解决水库泥沙淤积问题、实现水库长期利用的要求，也是探讨能否在满足泥沙淤积要求的基础上优化水库调度方式以及如何实现水库水沙联合优化调度的前提。

1.1.2　流域梯级水电建设

我国经济正在快速发展，但与此同时也面临着有限的化石燃料资源与更高的环境保护要求的严峻挑战[30]。坚持节能优先，提高能源效率；优化能源结构，以煤为主多元化发展；加强环境保护，开展煤清洁利用；采取综合措施，保障能源安全；依靠科技进步，开发利用新能源和可再生能源等，是我国的长期能源发展战略，也是我国建立可持续发展的能源系统的最主要政策措施[31]。水电能源作为一种可再生的资源，具有清洁廉价、便于调峰、能修复生态环境、兼有一次与二次能源双重功能等特点，能够极大地促进地区社会经济可持续发展，并且具有防洪、航运、旅游等综合效益，因而受到世界各国政府的青睐。世界各国都把水电放到了优先发展的地位，许多发达国家的水电资源都已基本开发完毕[32-37]。

我国是一个水电大国，水能资源非常丰富。例如，根据1980年的水能资源普查结果[38,39]，我国江河水能的理论蕴藏量为6.76×10^8kW，其中技术可开发装机容量达4.93×10^8kW，经济可开发容量为3.78×10^8kW，年发电量达24740×10^8kW·h，因而无论是水能资源蕴藏量，还是可能开发的水能资源，都居世界第一位。但是与发达国家相比，我国的水力资源开发利用程度并不高，目前开发利用率仅在24%左右，大大低于发达国家50%～70%的开发利用水平。2003年我国发电装机容量为3.91×10^8kW，发电量为19052×10^8kW·h，其中水电装机容量仅占24.24%，发电量占14.77%，而火电装机容量占24.03%，发电量占82.88%，我国能源结构仍以火电为主[31,32,39-42]。因此，我国水力资源开发潜力巨大，在我国的电力发展政策中，水电开发也被排在了首位[31]。

从1991年起，我国开始执行十二大水电能源基地建设计划，总装机容量为2.1亿kW，占水电可开发装机容量的55.6%；年发电量达1万亿kW·h，占可发电量的52.1%。十二大水电能源基地建设完成后，将会从根本上改变我国的水电能源开发利用状况[43-46]。水库将不再是单一的个体，而是已形成梯级滚动开发的态势。大型水库群的建设必将对流域社会经济、生态环境等产生复杂深远的影响。与单个水库相比，梯级水库开发主要存在以下特点[30,47,48]。

1. 影响的群体性

由于流域洪水时空分布的不均匀性，以及各梯级水库在容积与淹没损失等方面的差异，进行梯级水库的统一调度与综合开发，有利于发挥梯级水库群体的优势。梯级水库的累积影响，是大于单个工程的影响之和，还是小于单个工程的影响之和，应视具体情况研究而定。这就是梯级水库对环境影响的群体效应。

2. 影响的系统性

梯级开发为流域建立了一个工程群-社会-经济-自然的人类复合生态系统，这个系统相互联系、相互制约、相互影响，组成了一个具有整体功能和综合效益的集群。在这个集群中，人和工程对环境的作用大大加强了，它对环境的影响性质、影响因素、影响后果都是系统的。在这个人类复合生态系统里，若水库群规划得当，施工组织科学，环保措施得力，就能与自然相协调、相融合；反之，这个系统将是不稳定的，甚至工程群对这个系统不是带来利益，而是将造成灾难。

3. 影响的累积性

梯级水库中某一级水库的效益及对社会、环境的影响，不仅受该级水库自身运行的影响，还受到梯级中其他水库的影响，这些影响具有叠加、累积的性质。显然，水库越大或梯级越多，蓄水拦沙的累积作用越大；而在梯级水库内部，处于下游的水库也会受到上游水库的累积性影响，越是处于下游的水库，其径流过程、径流量与输沙量受到的累积性影响就越大。

4. 影响的波及性

梯级开发造成的影响，比单一工程影响所涉及的范围大。除固定影响区、常年影响区外，它所影响的区域还将随工程的施工与运行所波及的范围而不同。梯级开发，不仅将对流域的社会、经济、环境产生影响，而且其产生的影响还将波及上游、下游以及有利益关系的其他流域与地区。

5. 影响的潜在性

单个水库的影响虽然也具有潜在性，但易于区别与防范。而梯级水库开发对环境的潜在影响则要复杂得多。在流域已建几个梯级的情况下，对于地震、塌岸、滑坡，有三者同时发生的潜在性，也存在着几个梯级同时诱发地震的可能性。

随着梯级水库群的大量出现，水库泥沙淤积对水库效益的影响将不再局限于单个水库内的时空分布。梯级水库的修建运用将显著改变水沙组合条件，这种变化既包括短时间尺度的径流变化、长时间尺度的泥沙缓慢冲淤，也包括水沙之间的相互耦合作用。水沙变化必然引起水库冲淤形态调整，各水库淤积强度不同、淤积部位不同、淤积速度不同、对各水库综合效益的影响程度也各不相同，梯级水库泥沙问题必将对防洪、发电、航运等产生一系列复杂的影响。因此，研究梯级水库泥沙淤积规律及其对水库群效益的影响和运行方式的制约，探讨梯级水库水沙联合调度方法，对我国梯级水电开发设计、管理及运行具有重要意义。

综上所述，开展梯级水库泥沙淤积规律研究，既是深化对水库泥沙淤积特点的认识、丰富泥沙运动理论的需要，也是实现梯级水库群长期有效运行的需要，又是明确能否对梯级水库运行方式进行优化及探讨如何实现梯级枢纽群水沙联合调度的必要条件。

1.2　研　究　现　状

我国水库逐渐实现长期使用的过程，是对水库泥沙淤积规律及其与调度方式的关系进行研究的过程，进而逐渐形成了水库泥沙运动的基本理论体系。梯级水库群的出现，为水库泥沙问题研究提出了新的课题。进一步研究梯级水库泥沙淤积规律及其调度技术，在梯级枢纽群长期有效运行的基础上实现综合效益的最大化，已成为重要的研究方向。

1.2.1　梯级水库泥沙淤积规律研究

水库的泥沙调度决定着水库能否长期使用及综合效益能否正常发挥。对于单个水库而言，我国在水库泥沙淤积方面的研究走在世界前列，对于水库中的不平衡输沙规律[49-63]、水库泥沙淤积形态[64-76]、水库排沙[63,77-86]与冲刷[87-91]、水库淤积控制[92-95]与长期使用[96-106]均进行了大量而深入的研究，在水库泥沙淤积的形成特点、形态划分、判别方法、影响因素、具体表达参数及计算方法等方面均取得了大量成果。正因为如此，对于我国在这方面的成就，加拿大咨询专家在三峡工程可行性研究报告中提到："指出这一点是非常重要的，平衡纵比降和水库长期使用库容的理论在中国已经发展成为一种成熟的技术，三峡工程处理全部泥沙的策略就是建立在这个基础之上。世界上没有一个国家像中国一样在水库设计中有那么多的经验，以致使调节库容和防洪库容能无限期保持。"

然而，我国现有的水库冲淤规律与长期使用理论主要建立在对单个水库泥沙冲淤研究基础上。与单库相比，梯级各水库水沙特性发生了很大的变化，梯级水库中各水库已不是单独存在的个体，而是处于梯级水库群中，任何一个水库的调节能力和运行工况都将影响到其他水库，牵一发而动全身，梯级水库的泥沙运动特点及其对调度方式的制约更为复杂。对梯级水库泥沙淤积规律的认识，决定着梯级水库群能否实现长期使用及综合效益能否正常发挥，也制约着梯级水库群调度方式是否有优化的空间及如何实现梯级水库水沙联合优化调度。

　　由于梯级水库的水沙特点与单库相比存在明显差异，目前对梯级累积作用下水库泥沙淤积规律的研究较少，认识方面存在不足，为水库泥沙淤积理论提出了新的课题，在水库设计、论证阶段就不得不从泥沙淤积的角度考虑上级水库对下级水库的影响。以金沙江下游乌东德、白鹤滩、溪洛渡、向家坝四个梯级为例，在设计论证阶段，长江科学院（以下简称长科院）、武汉大学、清华大学等多家单位对上级水库拦沙作用及下级水库泥沙淤积过程进行了研究[107-111]，给出了梯级作用下各水库淤积量、淤积纵剖面及排沙比等的变化过程。此外，多家单位[112-114]还采用数学模型或物理模型等手段，从淤积量、淤积部位、航道条件等方面研究了上游建库对下级水库典型河段演变的影响。

　　但是上述研究多从数学模型计算成果或物理模型试验结果出发描述具体水库与河段纵、横向泥沙淤积情况，缺乏对梯级累积作用下水库泥沙运动一般规律的归纳与总结。梯级累积作用下的泥沙淤积过程、形态特征、纵剖面和横断面的变化规律及其与水库单独运用时泥沙淤积特点间的区别、联系等均有待于进一步研究。只有透过具体水库的泥沙运动现象，深入探索梯级水库泥沙运动的一般规律，才能在梯级水库实际运行中明确泥沙淤积与调度方式之间的相互关系，进而实现水沙联合优化调度。

1.2.2　梯级枢纽群水沙联合调度技术研究

1. 梯级枢纽群优化调度技术

　　优化调度是建立一种以水库为中心的水利水电系统的目标函数，在拟定其应满足的诸多约束条件的基础上，用最优化方法求解由目标函数和约束条件组成的系统方程组，使得目标函数取得极值的水库控制运用方式[115]，是近年来得到较快发展的一种水库调度方法[116]。自 20 世纪 50 年代以来，系统分析技术[117-119]和电子计算机技术的发展，使得以最大经济效益为目标的水库优化调度模型，特别是以水电站和电力系统最优化运行为目标的水库水电站优化计算模型[120-122]日益完善，并在实际运用中获得了效益。我国开展水库优化调度的研究与应用始于 60年代，目前已经取得了大量成果[123-132]。

　　随着梯级水库群的出现，针对梯级水库的径流过程优化调度，国内外也开展了大量的工作。从研究目标和对象来看，主要工作起初仍是围绕防洪、发电、灌溉等单目标进行联合优化[133-139]，多目标的综合优化研究相对较少。随着我国水资源利用需求的不断提高，对于梯级水库多目标的综合优化调度也逐渐提上日程，学者陆续开展了相关的研究。林翔岳等[140]通过建立多目标分层序列优化模型，研究了 5 个水库系统的多目标优化调度问题；梅亚东等[141]针对黄河上游梯级水库水电站群的发电、灌溉、防洪、防凌目标，建立了梯级优化调度模型，能够有效求解复杂多变约束条件下的长期联合优化调度问题；畅建霞和黄强[142]依据协同学原理，提出了水库多目标运行控制的方法，能够综合考虑防洪、发电、供水等互相冲突的目标，并将该方法应用于黄河流域水库群的调控研究。

从梯级水库优化调度的方法上看，算法的改进或引进的新算法得到大量应用，这也是目前水库优化调度研究的热点方向之一。传统的算法主要包括动态规划、非线性规划、网络流规划算法、大系统分解协调方法等单目标优化方法，以及权重法、约束扰动法、多目标线性规划法、多目标动态规划法、均衡规划法、目的规划法等多目标优化方法[143-146]。最近又发展了遗传进化算法、神经网络方法、模糊方法、微粒群方法、蚁群算法等智能（仿生）优化方法[147-153]。

但是以往的水库调度研究较少考虑泥沙，这在河流含沙量较少、泥沙淤积不严重的河流上是允许的，也能取得较好的效果。但在泥沙较多的河流上修建的水库，泥沙淤积总量及其纵向分布对水库长期有效运行及防洪等目标的实现具有重要的影响；而对于具有通航要求的水库而言，坝上、下游典型河段冲淤演变进程及其与调度方式的关系则决定着航运效益能否正常发挥，仅通过反映蓄、泄关系的径流调度显然无法衡量航运效益。泥沙问题决定着水库调度方式的拟定及优化，水库泥沙调度的内涵，既包括宏观尺度上的长时间、长河段水库淤积总量、平衡纵剖面随调度方式的变化，又包括微观尺度上的短时间、局部河段航道条件受调度方式的影响。因此必须在深入研究泥沙运动特点及其对水库效益制约的基础上，探索实现水沙联合优化调度的途径。

2. 梯级水库水沙联合调度技术

为了在保证水库长期利用的基础上，尽量提高兴利效益，水利工作者展开了改进泥沙调度方式以增加水库效益的研究。林秉南于 1992 年针对减少重庆河段淤积提出了三峡水库双汛限水位运行的设想，其基本思路是利用大洪水流量和低坝前水位组合条件下强大的水流输沙能力，减少水库淤积。后来周建军等利用泥沙数学模型对方案进行了全面研究[154,155]，先后提出了通过优化水库调度，减少淤积，增加防洪能力的多汛限水位方案[156]。彭杨等[157]、李义天等[158]提出了满足防洪要求的汛后分期提前蓄水方案，结果表明，分句提前蓄水方案可以有效增加发电量，但并不会对淤积总量与平衡纵剖面产生太大的影响，主要改变了水库的淤积速率，其航运补偿不大。姚静芬和杨极[159]通过防洪、泥沙等方面的计算分析，提出"平蓄洪排"延长蓄水期的方案，该方案可在不影响水库防洪滞洪作用的前提下，提高水库兴利效益。惠仕兵等[160]针对长江上游川江水电开发运行管理中存在的工程泥沙技术问题，改进了低水头闸坝枢纽整个汛期敞泄的运行方式，从而促进了水库效益的发挥。

上述研究的目标是寻求水库排沙的有效途径，但还无法达到兼顾水库排沙与发电、防洪、航运等多目标的最优。张振秋和杜国翰[161]对以礼河水库空库冲刷的研究表明，虽然减淤效果良好，但空库冲刷会消耗大量上游水库清水，代价十分昂贵；彭润泽等[162]对东方红水库运用的分析显示，空库冲刷不但会使得下泄水流含沙量远大于天然情况（最大达 700 倍以上），引起下游河道淤积严重，并且将严重影响水库的发电效益。张金良等[163]、王海军等[164]认为必须将泥沙调度与径流调度有效结合，才能既保持一定的有效库容又可以有效地发挥水库综合效益。为了寻求最优的调度方式，需要利用水库优化调度理论，建立水库水沙联合调度模型。

水沙联合调度的研究在我国刚刚起步，考虑泥沙淤积造成的库容损失以及对其他目标的影响方面的研究相对较少。由于泥沙淤积计算数学模型的计算时间尺度与径流调度模型存在巨大差异，目前部分考虑泥沙淤积影响的研究成果，也多是引入比较简单的泥沙约束条件或经验公式。张玉新和冯尚友[165]运用多目标规划的思想方法，以计算期内发电量最大和库区泥沙淤积量最少为目标，建立了水沙联合调度多目标动态规划模型。其研究成果及应用为协调水库排沙（或淤积）与兴利之间的矛盾提供了一个新的研究途径，但由于学科的限制，其在泥沙问题的处理上显得有些不足。杜殿勖和朱厚生[166]以下游河道淤积量为目标，并考虑发电、灌溉、供水和潼关高程影响，建立了三门峡水库水沙联合调度随机动态规划模型，并且围绕着"降维"问题，对模型中所引用的泥沙冲淤计算模块进行了适当的改进，这为水库水沙联合调度研究中泥沙问题的处理提供了一个新途径。但其泥沙冲淤计算采用的是适应三门峡水库特点的（半）经验模型，当将该模型运用到其他水库时，必须修改其中的参数，对于正在设计中本身缺乏测量资料的水库来说，该方法则具有一定的局限性。刘素一[167]针对水库汛期降低水位排沙与电能损失情况，建立了水沙联合调度动态规划模型，研究了水库排沙与发电的关系，但其只研究了一场洪水过程中因水库排沙而损失的库容与排沙后恢复库容所带来的效益之间的相互关系，没有系统研究水库泥沙淤积对防洪、发电、航运等各方面的影响。

详细考虑水库泥沙淤积与水库综合效益多目标优化的研究则在近几年才出现，且相关研究成果相对较少。彭杨等研究了水沙联合调度的方法[168-170]，通过水库防洪、发电及航运三个子模型的计算结果，建立水库运行参数与洪灾风险率、发电效益及航运效益之间的函数关系，在此基础上，运用多目标决策技术，将水库防洪、发电及航运调度结合在一起求最优解，从而实现水沙之间的联合调度。该方法中泥沙淤积的影响主要反映在航运子模型中，因此对于泥沙运动的机理及其与长期利用、防洪、发电的相互影响关系还有进一步研究的空间。

张金良[171]、胡明罡[172]、刘媛媛[173]、王利[174]、龙仙爱等[175]以三门峡水库为例，对中长期入库径流和含沙量的预测、入库洪水及泥沙过程的模拟和预测、水库泥沙冲淤计算和快速预测，以及多目标优化调度等问题进行了探讨。这些研究运用 BP（back propagation）人工神经网络等智能模型对不同水沙条件和不同水库运行方式下的泥沙冲淤情况做出快速判断，从而解决了水量调度与地形变化之间的时间尺度不相匹配问题，使水沙联合优化调度成为可能，该方法具有很好的参考价值。甘富万[176]在上述研究的基础上运用流量不同排沙效果不同的特点，通过以分级流量及相应的排沙流量、排沙水位和水库落水、蓄水时间作为变量，以发电或长期使用为目标进行优化，建立了排沙调度与水库效益的联合优化模型。

但由于智能算法仅仅是一种信息的重组和内插，无法替代因素之间的物理机制，因而其应用的前提是对不同情况下水库冲淤规律具有充分的认识。从这个角度而言，解决水库水沙联合调度的关键仍然在于泥沙纵、横向冲淤变化与调度方式、水库效益之间的相互关系，这其中既包括泥沙淤积及其分布对调度方式变化范围的制约，也包括了如何反映水库效益随泥沙淤积的变化问题，这些方面显然还需要进一步研究。同时，上述研究成果多集中于单个水库的水沙联合调度，对梯级作用下水库防洪、发电、航运效益及泥沙问题讨论得较少，在梯级水库综合效益及长期利用方面还有待进一步深入。

1.3　本书研究内容

为了研究梯级水库泥沙淤积规律及其对调度方式的制约，并在此基础上实现梯级水库水沙联合优化调度，本书首先从一般的水库冲淤规律着手，探讨水库单独运行时泥沙淤积与水沙条件的响应关系，在此基础上研究梯级累积作用下水库纵剖面及局部典型河段演变特点，进而通过分析梯级作用对水库综合利用目标与长期使用的影响，明确梯级水库泥沙调度的内涵及调度方式优化的基本原则并建立梯级水库水沙联合优化调度模型，最后运用该模型对溪洛渡、向家坝、三峡梯级水库设计调度方式进行水沙联合优化。

按照上述研究思路，本书共分为 6 章，各章主要内容如下。

（1）第 1 章为绪论，简要叙述本书研究的背景及意义，总结归纳梯级水库泥沙淤积规律及梯级枢纽群水沙联合调度技术的研究现状及不足，提出本书的研究思路及研究内容。

（2）第 2 章为水库泥沙淤积规律与排沙比研究，首先归纳总结水库输沙能力与排沙比变化特点，依据实测资料对恢复饱和系数进行率定、分析，建立恢复饱和系数与悬浮指标的经验关系公式；在此基础上探讨水库平衡纵剖面对时间变化趋势与水沙过程的响应关系，以及水沙条件变化对局部河段演变趋势的影响。

（3）第 3 章为梯级水库泥沙淤积特点，在分析梯级水库水沙条件变化特点的基础上，阐明梯级累积作用下各级水库淤积差异、水库纵向淤积形态发展过程、平衡纵剖面变化特点及其与水库单独运行时的异同，并揭示梯级水库兴建条件下变动回水区典型河段演变趋势。

（4）第 4 章为梯级水库水沙联合优化调度模型，分析水库一般综合运用目标各自的特点以及其数学描述，探讨水库泥沙调度的内涵及梯级作用对水库各综合运用目标的影响，进而明确对梯级水库设计调度方式优化的基本原则，在此基础上根据多目标决策的特点，结合梯级水库泥沙运动规律，建立以长期发电效益最大为目标的梯级水库水沙联合优化调度模型。

（5）第 5 章为溪洛渡、向家坝、三峡梯级水库调度方式优化，在分析溪洛渡、向家坝、三峡梯级水库现有设计调度方式下防洪、发电、航运效益及其相互制约的基础上，明确了梯级水库防洪目标与泥沙问题对蓄水时间变化的限制作用，进而剖析不同工况下梯级调度方式组合变化对溪洛渡、向家坝、三峡水库发电效益的影响，最后利用建立的梯级水库水沙联合优化调度模型对溪洛渡、向家坝、三峡水库梯级蓄水时间组合进行优化。

（6）第 6 章为结语，对全书主要结论进行总结，展望梯级水库水沙联合优化调度技术的研究方向和前景。

参 考 文 献

[1] 庞增铨, 廖国华, 吴正禔, 等. 论贵州喀斯特地区河流梯级开发的水环境变异[J]. 贵州环保科技, 1999, 5(4): 13-17.

[2] Mahmood K, Yevjevich V. Unsteady Flow in Open Channel[M]. 林秉南, 译. 北京: 水利电力出版社, 1987.

[3] 韩其为. 水库淤积[M]. 北京: 科学出版社, 2003.

[4] 陈建. 水库调度方式与水库泥沙淤积关系研究[D]. 武汉: 武汉大学, 2007.

[5] Morris G L, Fan J. Reservoir Sedimentation Handbook: Design and Management of Dams, Reservoirs, and Watersheds for Sustainable Use[M]. New York: McGraw-Hill, 1997.

[6] 钱宁, 戴定忠. 我国河流泥沙问题及其研究进展[J]. 水利水电技术, 1980, (2): 17-23.

[7] 姜乃森, 傅玲燕. 中国的水库泥沙淤积问题[J]. 湖泊科学, 1997(1): 1-8.

[8] 陕西省水利科学研究所河渠研究室, 清华大学水利工程系泥沙研究室. 水库泥沙[M]. 北京: 水利电力出版社, 1979.

[9] 王会让. 陕西省水库泥沙淤积状况与蓄水能力分析[D]. 武汉: 武汉大学, 2004.

[10] 程永华. 对陕西省水库泥沙淤积问题的探讨[J]. 水利水电技术, 1983(3): 48-50.

[11] 李天全. 青铜峡水库泥沙淤积[J]. 大坝与安全, 1998, 4: 21-27.

[12] 张毅. 盐锅峡水库泥沙淤积测验基本情况分析[J]. 大坝与安全, 1999, 1: 14-21.

[13] 中华人民共和国水利部.2001 年中国河流泥沙公报(长江、黄河) [EB/OL]. (2001-12-31) [2021-06-20]. http://www.mwr.gov.cn/sj/tjgb/zghlnsgb/201612/t20161222_776056.html.

[14] 陈文彪, 曾志诚. 珠江流域水库泥沙问题刍议[J]. 人民珠江, 1997, 5: 26-28.

[15] 山西省水利局办公室科技组. 从镇子梁水库的改建试谈我省水库的设计和应用[J]. 山西水利科技, 1975, 6(2): 20.

[16] 贾恩红. 青铜峡水库泥沙冲淤分析[D]. 西安: 西安理工大学, 2002.

[17] He M M, Han Q W. Rising of backwater elevation during reservoir sedimentation[C]. The 4th International Symposium on River Sedimentation, Beijing, 1989: 999-1006.

[18] 张占厚, 李永利. 黄河三盛公水库泥沙冲淤的初步探讨[J]. 水利管理术, 1997, 17(6): 27-30.

[19] 中国水利学会泥沙专业委员会. 泥沙手册[M]. 北京: 中国环境科学出版社, 1989.

[20] 韩其为, 王玉成, 向熙珑. 汉江丹江口水库清水下泄下游河道含沙量恢复过程[R]. 武汉: 长江流域规划办公室水文局, 1982.

[21] Han Q W, Wang Y C, Xiang X L. Erosion and recovery of sediment concentration in the river channel downstream from danjiangkou reservoir[C]. First Scientific Assembly of IAHS, Exeter, 1982.

[22] 文传祺. 三峡工程蓄水期碍断航的影响及对策[J]. 中国水运, 2001(6): 37-38.

[23] 盐锅峡水电厂. 盐锅峡水电站防止草沙影响机组安全运行经验总结[C]. 1972 年黄河水库泥沙观测研究成果交流会, 郑州, 1972.

[24] 徐国宾. 陕西省水库泥沙淤积灾害及其防治对策[J]. 水土保持通报, 1994, 14(4): 55-58.

[25] 于广林. 碧口水库泥沙淤积与水库运用的研究[J]. 水力发电学报, 1999(1): 59-67.

[26] 钱宁, 张仁, 周志德. 河床演变学[M]. 北京: 科学出版社, 1987.

[27] 王廷学, 李英海, 屈志勇, 等. 官厅水库浸没问题的研究与治理[J]. 水利水电工程设计, 2007, 26(3): 47-49.

[28] 胡春宏, 王延贵. 官厅水库流域水沙优化配置与综合治理措施研究 I ——水库泥沙淤积与流域水沙综合治理方略[J]. 泥沙研究, 2004, 2: 11-18.

[29] 潘鸿雷, 王倩. 水库修建对黄河水沙问题的负面影响[J]. 水土保持通报, 2003, 23(2): 73-76.

[30] 范继辉. 梯级水库群调度模拟及其对河流生态环境的影响——以长江上游为例[D]. 中国科学院博士学位论文, 2007.

[31] 郑守仁. 我国水能资源开发利用及环境与生态保护问题探讨[J]. 中国工程科学, 2006, 8(6): 1-6.

[32] 张超. 水电能资源开发利用[M]. 北京: 化学工业出版社, 2005.

[33] 艾兴贝格尔 P. 全球水电资源及其开发现状[J]. 水利水电快报, 1998, 19(2): 6-9.

[34] 拉菲特 R. 世界水电开发展望[J]. 水利水电快报, 1998, 19(17): 15-17.

[35] 马元珽. 加拿大的水电开发[J]. 水利水电快报, 1998, 24(17): 28-31.

[36] 沃德·拜尔斯. 世界目前水电开发概况[J]. 水利水电快报, 1998, 19(1): 19-22.

[37] 何学民. 我看到的美国水电[J]. 四川水力发电, 2005, 24(2): 83-85.

[38] 周大兵. 坚持科学发展观、加快水能资源开发[J]. 水力发电, 2004(12): 9-11.

[39] 潘家铮. 水电与中国[J]. 水力发电, 2004(12): 17-21.

[40] 郧凤山. 21 世纪初中国水电建设的展望[J]. 水电能源科学, 1999, 17(3): 1-5.

[41] 李菊根, 史立山. 我国水力资源概况[J]. 水力发电, 2006(1): 3-7.

[42] 何璟. 中国水电资源开发现状及 21 世纪发展战略探讨[J]. 水利技术监督, 2002(1): 1-10.

[43] 刘兰芬. 我国河流流域梯级水电开发状况及特点[J]. 水问题论坛, 2001(4): 17-20.

[44] 张博庭. 发展大型水电可解决我国水资源问题[EB/OL]. (2007-03-04) [2011-05-07]. http://it.sohu.com/20070314/n248729390.shtml.

[45] 盛海洋. 我国十二大水电基地[J]. 长江水利教育, 1998, 15(2): 51-54.

[46] 程念高. 中国的十二大水电基地[J]. 水力发电, 1999, 10: 24-27.

[47] 陈凯麒, 王东胜, 刘兰芬, 等. 流域梯级规划环境影响评价的特征及研究方向[J]. 中国水利水电科学研究院学报, 2005(2): 79-84.

[48] 陈庆伟, 陈凯麒, 梁鹏. 流域开发对水环境累积影响的初步研究[J]. 中国水利水电科学研究院学报, 2003(4): 300-305.

[49] 韦直林. 二度恒定均匀流中泥沙的淤积过程[J]. 武汉水利电力学院学报, 1982, (4): 35-47.

[50] 谢鉴衡, 邹履泰. 关于扩散理论含沙量沿垂线分布的悬浮指标[J]. 武汉水利电力学院学报, 1981, (3): 1-9.

[51] 张启舜. 明渠水流泥沙扩散过程的研究及其应用[J]. 泥沙研究, 1980(1): 37-52.

[52] 窦国仁. 潮汐水流中的悬沙运动及冲淤计算[J]. 水利学报, 1963(4): 15-26.

[53] 白玉川, 李世森, 董文军. 不平衡输沙计算中泥沙起悬量与沉降量的确定——以沉沙池为例[J]. 海洋通报, 1996(6): 42-50.

[54] 韩其为. 非均匀悬移质不平衡输沙研究[J]. 科学通报, 1979(17): 804-808.

[55] 韩其为, 何明民. 泥沙运动统计理论[M]. 北京: 科学出版社, 1984.

[56] 王静远, 朱启贤, 许德风, 等. 水库悬移质泥沙淤积的分析计算(学术讨论)[J]. 泥沙研究, 1982(1): 79-82.

[57] 韩其为. 水库淤积[R]. 武汉: 长江流域规划办公室水文局, 1982.

[58] 韩其为, 何明民. 水库淤积与河床演变的(一维)数学模型[J]. 泥沙研究, 1987(3): 29.

[59] 何明民, 韩其为. 挟沙能力级配及有效床沙级配的概念[J]. 水利学报, 1989(3): 7-16.

[60] 何明民, 韩其为. 挟沙能力级配及有效床沙级配的确定[J]. 水利学报, 1990(3): 1-12.

[61] 李义天. 冲淤平衡状态下床沙质级配初探[J]. 泥沙研究, 1987(1): 82-87.

[62] 窦国仁, 赵士清, 黄亦芳. 河道二维全沙数学模型研究[J]. 水利水运科学研究, 1987(2): 1-12.

[63] 黄煜龄, 黄悦. 三峡工程下游河道冲刷一维数学模型计算分析[J]. 长江科学院, 1995(12): 31-39.

[64] 水利水电科学研究院河渠研究所. 水库淤积问题的研究[M]. 北京: 水利电力出版社, 1959.

[65] 朱鉴远. 水利水电工程泥沙设计[M]. 北京: 中国水利水电出版社, 2010.

[66] 张威. 水库三角洲淤积及其近似计算[J]. 人民长江, 1964(2): 14-18.

[67] 韩其为. 不平衡输沙成果在水库淤积中的应用[R]. 武汉: 长江水利水电科学研究院, 1971.

[68] 赵克玉, 王小艳. 水库纵向淤积形态分类研究[J]. 水土保持, 2005(1): 186-188.

[69] 韩其为. 论水库的三角洲淤积(一)[J]. 湖泊科学, 1995(2): 107-118.

[70] 韩其为. 论水库的三角洲淤积(二)[J]. 湖泊科学, 1995(3): 213-225.

[71] 罗敏逊. 水库淤积三角洲及其计算方法[R]. 武汉: 长江水利水电科学研究院, 1977.

[72] 俞维升, 李鸿源. 水库三角洲河道输沙之研究[J]. 泥沙研究, 1999(3): 8-16.

[73] 韩其为, 沈锡琪. 水库的锥体淤积及库容淤积过程和壅水排沙关系[J]. 泥沙研究, 1984(2): 33-51.

[74] 杨克诚. 滞洪水库淤积规律[J]. 泥沙研究, 1981(3): 73-81.

[75] 焦恩泽. 水库淤积的简化估算方法[J]. 人民黄河, 1982(1): 9-15.

[76] 陈文彪, 谢葆玲. 少沙河流水库的冲淤计算方法[J]. 武汉水利电力学院学报, 1980(1): 97-107.

[77] 欧应钧, 封光寅, 赵学封. 丹江口水库泥沙调度方式探讨[J]. 人民长江, 2014(2): 82-85.

[78] 曹叔尤, 张新平. 东峡水库的库容恢复[J]. 泥沙研究, 1985(2): 68-73.

[79] 黄德胜. 平定河水库泥沙来源与防洪[J]. 泥沙研究, 1985(3): 94-96.

[80] 陈景梁, 赵克玉. 南秦水库排沙运用研究[J]. 泥沙研究, 1987(1): 1-9.

[81] 关业祥, 周宾, 蔡克贤, 等. 汾河水库低水位运行回水变动区冲刷资料分析[J]. 泥沙研究, 1987(2): 68-75.

[82] 张崇山, 王孟楼. 水库引水冲滩冲刷规律的研究[J]. 泥沙研究, 1993(2): 76-84.

[83] 黄华析, 赵克玉. 陕南山区水库排沙运用[J]. 泥沙研究, 2000(1): 77-79.

[84] 赵妮. 新疆多泥沙河流水库泥沙处理措施[J]. 水利规划与设计, 2020(1): 147-151.

[85] 张启舜, 张振秋. 水库冲淤形态及其过程的计算[J]. 泥沙研究, 1982(1): 1-13.

[86] 孙赞盈. 水库溯源冲刷计算方法[J]. 人民黄河, 1997(9): 21-23.

[87] 彭润泽, 常德新, 白荣隆, 等. 推移质三角洲溯源冲刷计算公式[J]. 泥沙研究, 1981(1): 14-29.

[88] 曹叔尤. 细沙淤积溯源冲刷试验研究[C]. 中国水利水电科学研究院科学研究论文集(第11集), 北京: 水利电力出版社, 1983.

[89] 巨江. 溯源冲刷的计算方法及其应用[J]. 泥沙研究, 1990(1): 71-80.

[90] 李涛, 张俊华, 夏军强, 等. 小浪底水库溯源冲刷效率评估试验[J]. 水科学进展, 2016, 27(5): 716-725.

[91] 张跟广. 水库溯源冲刷模式初探[J]. 泥沙研究, 1993(3): 86-94.

[92] 曹文洪, 刘春晶. 水库淤积控制与功能恢复研究进展与展望[J]. 水利学报, 2018, 49(9): 1079-1086.

[93] 周建军, 张曼, 曹慧群. 水库泥沙分选及淤积控制研究[J]. 中国科学: 技术科学, 2011, 41(6): 833-844.

[94] 广灵县水利局. 直峪水库冲淤保库效果显著[J]. 山西水利科技, 1975(2): 11-19.

[95] 山西水利科学研究所. 从恒山水库经验谈谈对我省峡谷型水库泥沙问题的一些看法[J]. 山西水利科技, 1975(2): 44-51.

[96] 卢金友, 黄悦. 三峡水库长期使用问题研究[J]. 水力发电学报, 2009, 28(6): 49-54.

[97] 李镇南. 对三峡水库长期使用问题的研究[J]. 中国三峡建设, 1996(5): 17-18.

[98] 唐日长. 三峡水库长期使用研究[J]. 长江科学院院报, 1992(S1): 41-45.

[99] 唐日长. 长江三峡水库长期使用研究[J]. 人民长江, 1990(6): 1-8.

[100] 林一山. 水库长期使用问题[J]. 人民长江, 1978(2): 1-8.

[101] 杨春瑞, 邓金运, 齐永铭. 中小洪水调度对三峡水库泥沙淤积的长期影响[J]. 水电能源科学, 2020, 38(6): 34-37.

[102] 韩其为. 长期使用水库的平衡形态及冲淤变形研究[J]. 人民长江, 1978(2): 18-36.

[103] 任实, 刘亮. 三峡水库泥沙淤积及减淤措施探讨[J]. 泥沙研究, 2019, 44(6): 40-45.

[104] 李立刚, 陈洪伟, 李占省. 小浪底水库泥沙淤积特性及减淤运用方式探讨[J]. 人民黄河, 2016, 38(10): 40-42.

[105] 夏震寰, 韩其为, 焦恩泽. 第一次河流泥沙国际学术讨论会文集[M]. 上海: 光华出版社, 1980.

[106] 韩其为, 何明民. 论长期使用水库的造床过程——兼论三峡水库长期使用的有关参数[J]. 泥沙研究, 1993(3): 1-22.

[107] 朱玲玲, 董先勇, 陈泽方. 金沙江下游梯级水库淤积及其对三峡水库影响研究[J]. 长江科学院院报, 2017, 34(3): 1-7.

[108] 谭建, 何贤佩. 溪洛渡水库拦沙及其对下游的影响研究[J]. 水电站设计, 2003(2): 60-63.

[109] 胡艳芬, 吴卫民, 陈振红. 向家坝水电站泥沙淤积计算[J]. 人民长江, 2003(4): 36-38.

[110] 宫平. 金沙江乌东德水电站预可行性研究水库泥沙淤积分析研究报告[R]. 武汉: 长江水利委员会长江科学院, 2004.

[111] 蔺秋生, 万建蓉, 黄莉. 金沙江白鹤滩水库泥沙淤积计算分析[J]. 人民长江, 2009, 40(7): 1-3.

[112] 邓金运, 李义天, 陈建, 等. 金沙江建库对重庆河段泥沙淤积的影响[J]. 武汉大学学报(工学版), 2006(6): 23-26.

[113] Lu Y J, Zuo L Q, Ji R Y, et al. Deposition and erosion in the fluctuating backwater reach of the Three Gorges Project after upstream reservoir adjustment[J]. International Journal of Sediment Research, 2010, 25(1): 64-80.

[114] 陆永军, 左利钦, 季荣耀. 水沙调节后三峡工程变动回水区泥沙冲淤变化[J]. 水科学进展, 2009, 20(3): 318-324.

[115] 孙东海, 赵刚, 王彬, 等. 论水电站水库长期优化调度[J]. 黑龙江水利科技, 1995(2): 8-14.

[116] 林丹丹. 滦河大河口西山湾串联水库优化调度模型研究[D]. 呼和浩特: 内蒙古农业大学, 2004.

[117] Dantzig G B. Linear Programming and Extension[M]. Princeton: Princeton University Press, 1963.

[118] Bellman R. D, Dreyfuss E. Applied Dynamic Programming[M]. Princeton: Princeton University Press, 1962.

[119] Yakowitz S. Dynamic programming applications in water resources[J]. Water Resources Research, 1982, 18(4): 673-696.

[120] Yeh W. Reservoir management and operations models: A state of the art review[J]. Water Resources Research, 1985, 21(2): 1797-1818.

[121] Goldberg D E, Deb K. A comparative analysis of selection schemes used in genetic algorithms[J]. Foundations of Genetic Algorithms, 1991, 1: 69-93.

[122] Heidari M. Discrete differential dynamic programming approach to water resources system optimization[J]. Water Resources Research, 1971, 7(2): 273-282.

[123] 黄益芬. 水电站水库优化调度理论的应用[J]. 水电能源科学, 1996(2): 127-133.

[124] 黄益芬. 水电站水库优化调度研究[J]. 水力发电, 2002(4): 64-66.

[125] 潘理中, 芮孝芳. 水电站水库优化调度研究的若干进展[J]. 水文, 1999(6): 37-40.

[126] 王兴菊, 赵然杭. 水库多目标优化调度理论及其应用研究[J]. 水利学报, 2003(3): 104-109.

[127] 张雯怡, 黄强, 畅建霞. 水库发电优化调度模型的对比研究[J]. 西北水力发电, 2005(3): 47-49.

[128] 赵鸣雁, 程春田, 李刚. 水库群系统优化调度新进展[J]. 水文, 2005(6): 18-23.

[129] 王敬. 综合利用水库优化调度模型研究[J]. 郑州工业大学学报, 2001(1): 71-73.

[130] 方强, 王先甲, 方德斌. 水库调度的最优控制模型与最大值原理求解方法[J]. 中国工程科学, 2007(4): 55-59.

[131] 倪建军, 徐立中, 李臣明, 等. 水库调度决策研究综述[J]. 水利水电科技进展, 2004(6): 63-66.

[132] 裴哲义, 姚志忠, 郭生练, 等. 中国水库调度工作近年来的成就与展望[J]. 水电自动化与大坝监测, 2004(1): 1-3.

[133] 黄志中, 周之豪. 水库群防洪调度的大系统多目标决策模型研究[J]. 水电能源科学, 1994(4): 237-245.

[134] 李文家, 许自达. 三门峡、陆浑、故县三水库联合防御黄河下游洪水最优调度模型探讨[J]. 人民黄河, 1990(4): 21-25.

[135] 胡振鹏, 冯尚友. 汉江中下游防洪系统实时调度的动态规划模型和前向卷动决策方法[J]. 水利水电技术, 1988(1): 2-10.

[136] 王栋, 曹升乐. 水库群系统防洪联合调度的线性规划模型及仿射变换法[J]. 水利管理技术, 1998(3): 1-51.

[137] 陈洋波. 水电站水库群随机优化调度研究[J]. 水利学报, 1998(2): 26-29.

[138] 李爱玲. 梯级水电站水库群兴利随机优化调度数学模型与方法研究[J]. 水利学报, 1998(5): 71-74.

[139] 李玮, 郭生练, 刘攀, 等. 梯级水库汛限水位动态控制模型研究及运用[J]. 水力发电学报, 2008(4): 22-28.

[140] 林翔岳, 许丹萍, 潘敏贞. 综合利用水库群多目标优化调度[J]. 水科学进展, 1992(2): 112-119.

[141] 梅亚东, 熊莹, 陈立华. 梯级水库综合利用调度的动态规划方法研究[J]. 水力发电学报, 2007(2): 1-4.

[142] 畅建霞, 黄强. 黄河流域水库群多目标运行控制协同方法研究[J]. 中国科学 E, 2004(34): 175-184.

[143] 付湘, 纪昌明. 多维动态规划模型及其应用[J]. 水电能源科学, 1997(12): 1-6.

[144] 谭维炎, 黄守信. 应用随机动态规划进行水电站水库的优化调度[J]. 水利学报, 1982(7): 1-7.

[145] 黄强, 沈晋. 黄河干流水库联合实施调度及智能决策支持系统研究[M]. 西安: 陕西科学技术出版社, 1995.

[146] 张玉新, 冯尚友. 多维决策的多目标动态规划及其应用[J]. 水利学报, 1986(7): 1-10.

[147] Cliveira R, Loucks D P. Operating rules for multi-reservoir systems[J]. Water Resources Research, 1997(4): 839-852.

[148] Jenson P A, Hsing W C, Doaglas D C. Network flow optimization for water resources planning with uncerainties in supply and demand[R]. Austin: University of Texas, 1978.

[149] 钟登华, 熊开智, 成立芹. 遗传算法的改进及其在水库优化调度中的应用研究[J]. 中国工程科学, 2003(9): 22-26.

[150] 王少波, 解建仓, 孔珂. 自适应遗传算法在水库优化调度中的应用[J]. 水利学报, 2006(4): 480-485.

[151] 宋朝红, 罗强, 纪昌明. 基于混合遗传算法的水库群优化调度研究[J]. 武汉大学学报(工学版), 2003(4): 28-31.

[152] 刘攀, 郭生练, 李玮, 等. 遗传算法在水库调度中的应用综述[J]. 水利水电科技进展, 2006(4): 78-83.

[153] 王黎, 马光文. 基于遗传算法的水电站优化调度新方法[J]. 系统工程理论与实践, 1997(7): 65-82.

[154] 周建军, 林秉南, 张仁. 三峡水库减淤增容调度方式研究——双汛限水位调度方案[J]. 水利学报, 2000(10): 1-11.

[155] 林秉南, 周建军. 三峡工程泥沙调度[J]. 中国工程科学, 2004(4): 30-33.

[156] 周建军, 林秉南, 张仁. 三峡水库减淤增容调度方式研究——多汛限水位调度方案[J]. 水利学报, 2002(3): 12-19.

[157] 彭杨, 李义天, 谢葆玲, 等. 三峡水库汛后提前蓄水方案研究[J]. 水力发电学报, 2002(3): 13-20.

[158] 李义天, 甘富万, 邓金运. 三峡水库9月分旬控制蓄水初步研究[J]. 水力发电学报, 2006(1): 61-66.

[159] 姚静芬, 杨极. 通过优化调度提高多泥沙水库效益的研究[J]. 东北水利水电, 2000(3): 33-35.

[160] 惠仕兵, 曹叔尤, 刘兴年. 电站水沙联合优化调度与泥沙处理技术[J]. 四川水利, 2000(4): 25-27.

[161] 张振秋, 杜国翰. 以礼河水槽子水库的空库冲刷[J]. 泥沙研究, 1984(4): 13-24.

[162] 彭润泽, 刘善钧, 王世江, 等. 东方红电站1984年冬季泄空冲刷分析[J]. 泥沙研究, 1985(4): 30-40.

[163] 张金良, 乐金苟, 季利. 三门峡水库调水调沙(水沙联动)的理论和实践[J]. 人民长江, 1999(S1): 28-30.

[164] 王海军, 段敬望, 李星瑾. 多泥沙河流水库汛期优化调度分析研究[J]. 华中电力, 2004(2): 57-60.

[165] 张玉新, 冯尚友. 水库水沙联合调度多目标规划模型及其应用研究[J]. 水利学报, 1989, 9: 19-27.

[166] 杜殿勖, 朱厚生. 三门峡水库水沙综合调节优化调度运用的研究[J]. 水力发电学报, 1992(2): 12-23.

[167] 刘素一. 水库水沙优化调度的研究及应用[D]. 武汉水利电力大学硕士学位论文, 1995.

[168] 彭杨, 李义天, 张红武. 水库水沙联合调度多目标决策模型[J]. 水利学报, 2004(4): 1-7.

[169] 彭杨, 李义天, 张红武. 三峡水库汛末蓄水时间与目标决策研究[J]. 水科学进展, 2003(6): 682-689.

[170] 彭杨. 水沙联合优化调度[D]. 武汉: 武汉大学, 2002.

[171] 张金良. 黄河水库水沙联合调度问题研究[D]. 天津: 天津大学, 2004.

[172] 胡明罡. 多沙河流水库电站优化调度研究[D]. 天津: 天津大学, 2004.

[173] 刘媛媛. 多沙河流水库多目标优化调度研究[D]. 天津: 天津大学, 2005.

[174] 王利. 三门峡水库多目标优化调度研究[D]. 南京: 河海大学, 2006.

[175] 龙仙爱, 杨顺, 夏利民. 基于遗传算法的水沙调度[J]. 信息技术, 2006(8): 24-27.

[176] 甘富万. 水库排沙调度优化研究[D]. 武汉: 武汉大学, 2008.

第 2 章　水库泥沙淤积规律与排沙比研究

天然河流上修建水库后，破坏了河道与来水来沙的相对平衡状态，使河道的侵蚀基面发生较大的变化，因而河流上修建水库后，库内即发生淤积[1]。因此，如何有效控制水库淤积，长期保持一定的有效库容，使水库得以长期使用，是水库泥沙研究的重要课题[2]。

梯级水库是由多个水库组合而成，对于其中某一级水库而言，其与单库的不同在于水沙条件的改变，因而研究单个水库泥沙淤积与水沙条件之间的关系，对梯级水库泥沙淤积问题的研究有一定的借鉴意义。通常而言，影响水库淤积的因素主要有水沙条件、水库地形条件和水库调度方式，其中水库地形条件基本不会发生变化，水库调度方式对水库淤积的影响在我国已进行了大量的研究，泥沙调度也已成为我国水库控制泥沙淤积的主要手段[3]。而一般认为水沙条件受制于流域产流产沙情况，与上游流域特性和水土保持有关，在一个较短的时间尺度内不会发生变化[4]，因而对水沙条件变化与泥沙淤积的关系的研究较少。但 20 世纪 90 年代以来金沙江下游及长江上游来沙变化表明，在一定时期内水库水沙条件仍存在变化的可能，21 世纪以来水沙条件较 1991～2000 年的进一步变化也说明了上述问题。因此研究水库泥沙淤积与水沙条件之间的关系对深化水库泥沙淤积规律认识、探求近年来三峡水库实测资料与以往预测结果之间的异同及其原因，也具有重要意义。

为了深化对单个水库泥沙淤积规律的认识，从而为梯级水库泥沙淤积规律研究提供支撑，本章将从泥沙淤积与水沙条件响应关系的角度，利用实测资料与数学模型计算成果，分析水库输沙能力随时间、空间的变化特点，研究水沙条件变化对水库平衡纵剖面与局部典型河段河势的影响。

2.1　水库输沙能力与排沙比

水库建成运用后，不同程度地改变了河道原有的边界条件和水流条件，以及长期形成的河道冲淤相对平衡状态[4]。挟沙力与流速的高次方成比例，因此过水面积的些许改变，常引起挟沙力的大幅度变化[1]。由于河流自身的平衡趋向性，水库建成后库区河道将发生激烈冲淤，河道演变的结果，将是在新的侵蚀基面下建立新的平衡[5]。控制淤积过程的基本规律是水库不平衡输沙，水库由不平衡输沙到平衡输沙的发展过程，即水库输沙能力时空变化的过程。

水库的淤积过程可以用一维不平衡输沙方程[6]来表示：

$$\frac{\partial QS}{\partial X} + \frac{\partial AS}{\partial t} = -a\omega B(S - S_*) \tag{2-1}$$

式中，Q 为流量；S 为含沙量；A 为断面变形面积；X 为距离；t 为时间；a 为恢复饱和系数；ω 为泥沙颗粒沉速；B 为河宽；S_* 为挟沙力。

简化为恒定流条件下可求得出口断面的含沙量[7]：

$$S = \overline{S}_* + (S_0 - \overline{S}_*)\mathrm{e}^{-\frac{a\omega L}{q}} \tag{2-2}$$

式中，$\overline{S}_*$ 为平均挟沙力；S_0 为进口断面的含沙量；L 为河段长度；q 为单宽流量。

水流挟沙力公式可采用张瑞瑾[8]公式：

$$S_* = K\left(\frac{u^3}{gh\omega}\right)^m \tag{2-3}$$

式中，g 为重力加速度；h 为水深；u 为断面流速；K、m 为系数。

上述公式虽然进行了诸多概化，但当水力要素在短小河段内沿程变化不大时，计算含沙量是能够保证一定精度的[9]。从式（2-2）可以看出，出口断面的含沙量取决于进口断面的含沙量 S_0、平均挟沙力 $\overline{S}_*$、河段的相对长度 $\dfrac{\omega L}{q}$ 和恢复饱和系数 a，而水流的挟沙力则由水动力条件 $\dfrac{u^3}{h}$ 和泥沙颗粒自身特性所决定。针对上述因素，本节将着重研究水沙条件、恢复饱和系数等对水库输沙能力及排沙比变化的影响。

2.1.1　水库输沙能力变化特点

水库的淤积发展过程，由非均匀沙的不平衡输沙所决定，往往表现为大幅度冲淤，此时悬移质不平衡输沙的程度很高，但对于水库不同河段、不同调度方式、不同粒径的泥沙乃至不同运用阶段，水库输沙能力均表现出不同的特点。

1. 沿程变化特点

水库泥沙运动特点决定于含沙量与挟沙力的对比关系。在水库尤其是大型水库运行开始后的相当长的时间内，泥沙运动以累积性淤积为主。这是由于挟沙力与流速的高次方成正比，过水面积较天然情况下增大，从而引起挟沙力的大幅度降低。水库过水面积沿程并非一成不变，而是逐渐变化的，越往坝前过水面积越大，流速越小，挟沙力也就越小。图 2.1 为采用三峡水库蓄水实测资料验证后数学模型计算的坝前水位为 135m、出库流量为 30000m³/s 时的沿程断面过水面积和断面平均流速变化情况。由图可知 30000m³/s 流量下三峡水库沿程断面平均流速相差可达 10 倍以上，而该时刻沿程最大水深与最小水深分别为 111.56m 和 8.52m，相差约 12 倍，由挟沙力公式[式(2-3)]可知，挟沙力相差可达 80 倍左右，从而决定了不同河段泥沙运动特点不同。同时，来沙的非均匀性决定了不同粒径的泥沙沿程挟沙力不同，因而各粒径泥沙亦具有不同的运动特点，具体表现为自库尾至坝前的沿程分选现象。

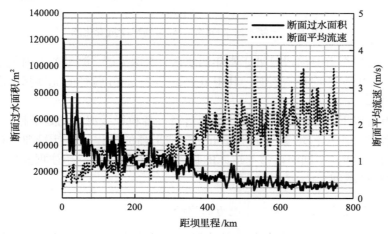

图 2.1   三峡水库沿程断面过水面积、断面平均流速变化图

黄河打渔张窝头寺沉沙条渠淤积过程实测资料[10]也表明，淤积过程中，含沙量常大于挟沙力，有的达两倍以上。分组含沙量总趋势是沿程递减，但粗的递减较快，细的递减慢，最细的一组基本不变[1]。

水库淤积过程中非均匀沙沿程分选现象具有普遍性，三峡水库蓄水后 2008 年沿程各站输沙量变化情况亦表明了上述特点，如图 2.2 所示。

(1)寸滩以上河段，由于受水库蓄水影响较小，河段主要表现为天然河道属性，水库进口至寸滩基本处于输沙平衡状态，仅粒径大于 0.062mm 的来沙略有淤积，淤积比例占该组沙的 24%。

(2)寸滩至清溪场河段处于变动回水区，已受到水库壅水影响，开始落淤的泥沙粒径较寸滩以上河段变细，但粒径小于 0.031mm 的泥沙仍基本呈不冲不淤状态，而粒径大于 0.250mm 的泥沙基本落淤在清溪场以上。

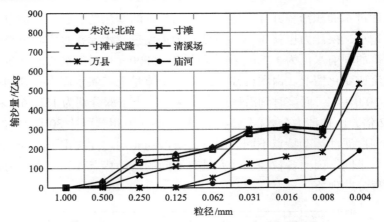

图 2.2　三峡水库 2008 年沿程实测输沙量变化图

（3）清溪场至万县河段已处于常年回水区，水深流缓，测量范围内包括粒径小于 0.004mm 的泥沙均开始落淤，其中 0.062～0.250mm 粒径的泥沙基本淤积在万县以上河段。

（4）万县以下河段各粒径组泥沙继续落淤，各粒径级泥沙仍处于超饱和状态。

（5）各粒径组泥沙均参与了水库重新塑造平衡的过程，包括最细的粒径小于 0.004mm 的泥沙，不同河段参与造床的临界粒径有所区别，越往坝前参与冲淤变化的泥沙粒径越细。

2. 不同调度方式对水库输沙能力的影响

对于同一水库，各粒径级输沙能力随水库调度方式的变化亦有所不同。以蓄清排浑水库为例，汛期往往降低水位以获得更大的输沙能力，同流量下水库输沙能力强，但同时段来沙量也大；到了枯水期再抬高水位，同时来流量小，同流量下水库输沙能力较汛期弱，但同时段来沙量也小；因而水库冲淤特点由来沙量多少及挟沙力沿程变化共同决定。

三峡水库蓄水初期不同调度方式下沿程断面流速变化见图 2.3，汛期入库流量均为 30000m³/s 时，坝前水位自 135m 抬高至 145m，流速变化较大的主要集中于常年回水区上段和变动回水区下段，近坝段由于水深较大，水位抬高流速略有减小，但不明显；而枯水期抬高水位后，沿程流速明显减小，流速变化可达 10 倍以上。

沿程水动力条件的变化及水沙条件的变化必然决定了水库输沙特点的不同，三峡水库 2008 年枯水期沿程各站输沙量变化（图 2.4）与汛期（图 2.5）差别较大。枯水期寸滩以上河段未受壅水影响，仍呈天然河道属性，各粒径组普遍发生冲刷；与汛期相比，寸滩到清溪场河段已受到蓄水影响，粒径大于 0.062mm 的泥沙基本淤积在清溪场以上；粒径大于 0.004mm 的泥沙则基本淤积在万县以上河段，万县以下仅有小于 0.004mm 的泥沙仍继续落淤。

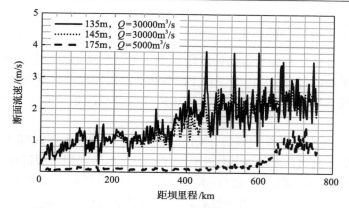

图 2.3　不同调度方式下三峡水库沿程断面流速变化图

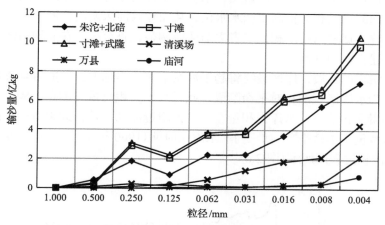

图 2.4　三峡水库 2008 年枯水期沿程各站输沙量变化图

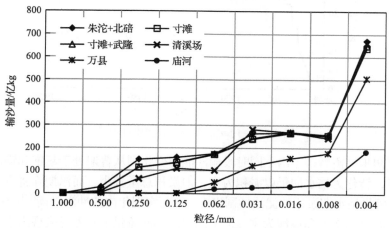

图 2.5　三峡水库 2008 年汛期沿程各站输沙量变化图

3. 平衡后水库输沙能力变化

前面主要分析了水库运行初始阶段输沙能力沿程变化的特点。在水库自淤积初始至淤积平衡的过程中，由于淤积不断发展，沿程的水动力条件是不断变化的，这种变化又反作用于泥沙运动，改变河床边界，直至建立与来水来沙相适应的新的平衡状态。

童思陈[11]利用数学模型计算了向家坝水库淤积过程中各时期水力因子的变化，其计算结果表明，各时期水力因子变化趋势与水库淤积发展过程是相适应的。对于三角洲还没有推进到的断面，水深和过水面积均很大，流速很缓，水流挟沙力很低，泥沙大量落淤；三角洲过后，水深和过水面积大大减小，断面平均流速增加，能带走大部分的来沙。可见，水动力条件的变化与河床地形的调整相互作用，三角洲的推进相应抬高了回水水位，从而导致河床淤高；淤积又反过来进一步抬高水位，促进新的淤积，二者逐渐适应调整，直至统一在非均匀沙不平衡输沙规律下建立新的平衡。

随着淤积的发展，库区最终将趋于冲淤平衡。实际上，一般将悬移质淤积平衡阶段作为水库淤积的相对平衡阶段，此时水库淤积总量并不是一成不变的，而是处于冲淤交替状态，水库淤积量在某一值附近波动，从长期来看，入库水沙量和出库水沙量基本持平[5]，如三门峡水库长时期（1960 年 7 月 12 日～1989 年 6 月 30 日）的淤积过程图所示（图 2.6）[12]。

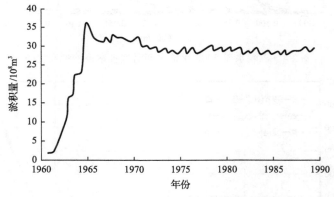

图 2.6　三门峡水库淤积量变化过程[12]

水库初步平衡后，年内不同时段输沙能力变化则从普遍处于超饱和输沙、泥沙不断落淤，转化为枯水期仍以淤积为主，但淤积总量较小，而汛期除将自身来沙带走外，还可将枯水期淤积的泥沙冲刷出库，从而实现年内的冲淤平衡[13]（图 2.7）。汛期整体来看是以次饱和输沙为主，但不同河段不同流量下水库仍表现出不同的输沙特点。表 2.1 给出了三峡水库设计论证阶段 150m 方案淤积初步平衡后，计算第 191

年不同流量下含沙量沿程变化情况[14]。由表可知，当流量 $Q \leqslant 21163\text{m}^3/\text{s}$ 时，水库上段受坝前水位影响较小，河道呈天然河道属性，虽然流量较小，但仍有相当高的挟沙力且入库沙量较低，因此水库上段有所冲刷，至水库中段（丰都至奉节）含沙量达到最大，再往坝前，水动力条件受坝前水位控制作用较强，挟沙力降低，从而转化为淤积；而流量 $Q \geqslant 41610\text{m}^3/\text{s}$ 时，同样由于水库上段受坝前水位控制作用较小，相当于冲积河道，寸滩至忠县之间河段发生淤积，忠县以下河段则发生连续冲刷。

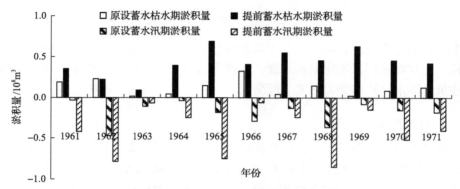

图 2.7　水库淤积平衡后年内冲淤变化[13]

表 2.1　计算第 191 年排沙期不同流量下含沙量沿程变化[14]　　　　（单位：kg/m³）

站名	断面编号	不同流量下含沙量							
		6655m³/s	11293m³/s	21163m³/s	30806m³/s	39460m³/s	41610m³/s	49400m³/s	61001m³/s
寸滩	1	0.219	0.549	1.037	2.330	2.676	2.750	2.700	3.050
长寿	16	0.436	0.779	1.155	2.055	2.269	2.360	2.393	2.592
涪陵	30	0.339	0.790	1.442	2.068	2.366	2.509	2.570	2.992
丰都	56	0.477	0.651	1.274	2.004	2.195	2.468	2.535	3.046
忠县	72	0.699	0.807	1.247	1.975	2.180	2.345	2.349	2.687
万县	93	0.552	0.812	1.306	2.002	2.185	2.362	2.382	2.723
云阳	102	0.584	0.791	1.320	2.002	2.217	2.410	2.426	2.827
奉节	112	0.659	0.831	1.260	1.955	2.206	2.448	2.555	2.884
巫山	119	0.434	0.679	1.240	2.068	2.286	2.618	2.702	3.252
巴东	130	0.341	0.547	1.158	2.068	2.286	2.907	3.177	4.210
香溪	135	0.318	0.492	1.128	2.068	2.339	3.045	3.372	4.469
三斗坪	145	0.277	0.412	1.021	1.995	2.270	3.193	3.952	6.344

　　由此可见，即使水库淤积平衡以后，不同河段、不同流量下水库输沙特点仍不相同，水库上段表现出洪淤枯冲的特点，与河段蓄水前天然状态下基本一致；而近坝段受坝前水位控制，枯水期淤积、汛期冲刷。由此可见，无论是在水库蓄

水初期还是水库淤积平衡以后，水库的冲淤发展变化仍由来沙量及沿程挟沙力相对大小所决定，最终统一于非均匀沙的不平衡输沙规律。

2.1.2　水库排沙比

水库排沙比是指排出水库的泥沙与同期进库沙量之比[1]，即

$$\phi = \frac{w_{\mathrm{s}} - w_0}{w_{\mathrm{s}}} \tag{2-4}$$

式中，w_{s} 为进库泥沙；w_0 为淤在水库的泥沙。排沙比作为水库淤积中的一个重要指标，往往用来衡量水库淤积强度，在进库水沙条件一定的条件下，排沙比由出库沙量，即水库输沙能力的大小所决定。

1. 排沙比变化特点

伴随着淤积发展过程，水库排沙比由空库至淤积平衡不断增大，前期增加较快，水库达到初步平衡后变化减缓。图 2.8 表明了三峡水库 150m 方案排沙比与淤积体积的变化过程[14]。由图可知，排沙比可以作为衡量水库淤积强度的指标来表示水库淤积发展的过程，其变化过程与淤积量增长的过程同步。该方案下水库运用至 71～80 年淤积体积的斜率已大为减小，并且趋向稳定，此时三角洲已到达坝前，水库开始处于悬移质淤积初步平衡阶段，相应排沙比在 71～80 年达到 91%，后期随淤积的发展有所增大，但增加得非常缓慢，200 年末才达 98%。

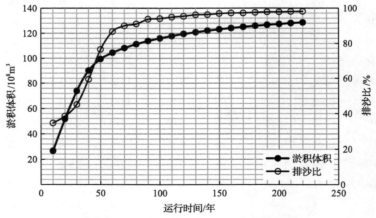

图 2.8　三峡水库 150m 方案淤积过程图[14]

对应于淤积发展的过程，可以将排沙比随时间的变化分为两个阶段，第一阶段为悬移质淤积初步平衡前，大体相当于空库淤积至三角洲到达坝前，第二阶段为初步淤积平衡以后。对于第二阶段，水库淤积达到初步平衡以后排沙比的变化，

在前面研究平衡后水库输沙能力的变化特点时已进行了讨论，水库平衡后汛期为排沙期，然而也并非整个汛期都是在排沙的，其间有冲有淤，总体表现为冲刷[4]，亦即出现排沙比大于 1 的情况。三峡水库 150m 方案在进入平衡阶段后预测计算结果表明[14]，当流量小于 30000m³/s 时，进库含沙量大于出库含沙量，水库发生淤积；当流量大于 30000m³/s 时，进库含沙量小于出库含沙量，水库发生冲刷。可见水库汛期排沙的具体表现形式为大水冲刷，出现排沙比大于 1 的情形，小水淤积，排沙比小于 1。

下面将着重分析水库初始淤积时排沙比的变化特点。

在第一阶段，流量越大水库输沙能力越大，出库沙量越多，排沙比整体呈随流量的增大而增大的趋势，但值得注意的是最大流量所对应的排沙比往往并非最大值，最大的排沙比通常出现在中间偏大的某个流量级。三峡水库蓄水后 2006～2008 年实测各流量级对应的排沙比变化情况说明了上述特点。图 2.9 给出了不同年份三峡水库排沙比随流量的变化情况。

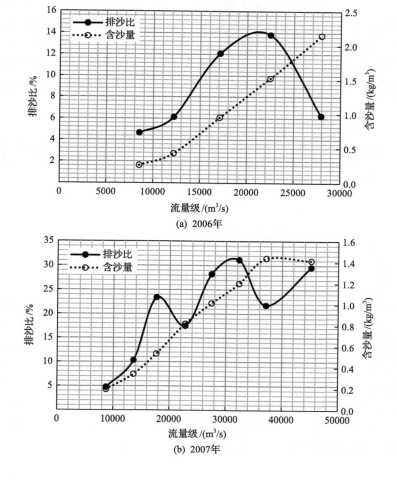

(a) 2006年

(b) 2007年

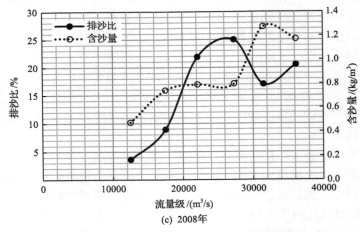

(c) 2008年

图 2.9   三峡水库实测各流量级排沙比变化

由图 2.9 可知，流量越小，水库输沙能力越弱，排沙比越小；排沙比随着流量的增大而增大，2006～2008 年最大排沙比对应的流量级分别是 20000m³/s、30000m³/s 和 25000m³/s，各年最大流量对应的排沙比均小于上述流量级的排沙比。这与以往研究成果有所区别，表 2.2[15] 给出了三峡水库 150m 方案淤积第一年排沙比的变化，三峡水库蓄水运用初期虽然坝前水位有所区别，但均表现为排沙比随进库流量的增大而增大。

表 2.2   三峡水库 150m 方案淤积第一年排沙比的变化

时段	坝前水位/m	进库流量/(m³/s)	进库含沙量/(kg/m³)	出库含沙量/(kg/m³)	排沙比/%
7	133.2	11293	0.515	0.113	21.9
11	133.2	21163	1.013	0.294	29.0
12	133.2	32972	3.815	1.208	31.7
13	133.2	46065	4.494	1.700	37.8
15	133.2	61001	3.020	1.454	48.1
56	143.2	22933	0.833	0.228	27.4
57	143.2	16843	0.731	0.161	22.0
60	143.2	8590	0.795	0.035	4.4

造成这一现象的原因应是，虽然流量越大水库输沙能力越强，输出沙量的绝对值越大，但排沙比大小除决定于水流挟沙力外，还决定于进口沙量的多少。图 2.10 给出了三峡水库各年汛期流量与含沙量变化。结合图 2.9 中含沙量随流量的变化可知，各年入库水沙关系均表现出洪峰、沙峰同步的特点，但二者相比，一方面部分中间偏大的流量所对应含沙量相对较小，另一方面相对于洪峰而言，沙峰峰型往往更为尖瘦，即虽然大流量沙峰与洪峰同步，但沙峰消落快、洪峰消落慢，从而造成中间偏大流量对应的含沙量相对较小。

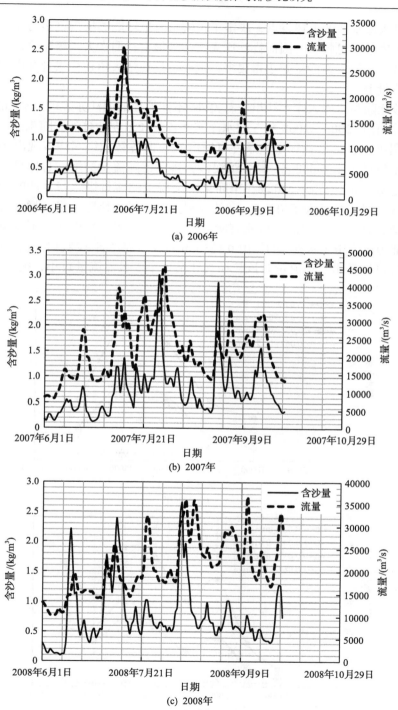

图 2.10　三峡水库实测汛期流量、含沙量变化

正是入库水沙的上述特点，决定了大流量时虽然能够挟带更多的泥沙出库，但同时入库沙量也较多，因而排沙比无法达到最大；而次大一级流量，虽然挟沙力略有减小，但入库沙量减小得更多，因而排沙比最大值往往出现在中间偏大的某一级流量上。

排沙比除与水库入库水沙组合有关外，不同粒径的泥沙亦表现出不同的特点。图 2.11 给出了 2006～2008 年三峡水库实测各粒径组泥沙排沙比随流量的变化情况。由图可知，虽然各年水沙条件有所区别，但各粒径组间均表现出相同的特点，对于粒径小于 0.062mm 的各组泥沙，排沙比随流量的增大总体呈先增大后减小的趋势，最大排沙比出现在中间某一个偏大的流量级，与全沙的变化特点基本一致；对于粒径大于 0.062mm 的较粗泥沙，排沙比随流量的增大普遍呈减小的趋势，这与通常的认知可能有所区别，究其原因仍是排沙比不仅决定于水库输沙能力还决定于水沙条件。由 0.125mm 粒径组泥沙各年排沙比与含沙量关系（图 2.12）可以看出，小流量时该粒径含沙量很小，虽然流量较小，挟沙力较弱，

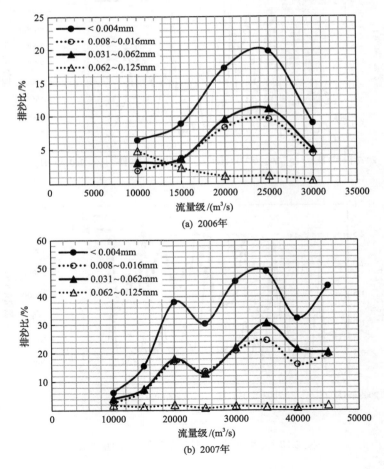

(a) 2006年

(b) 2007年

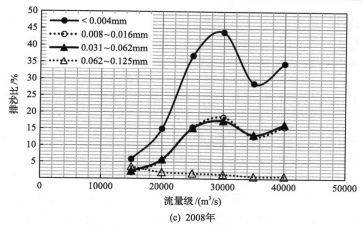

(c) 2008年

图 2.11　三峡水库实测分组排沙比

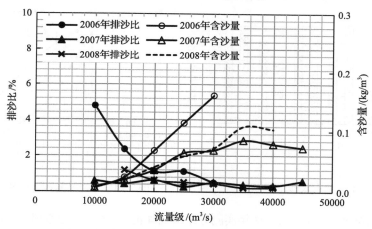

图 2.12　实测粗颗粒泥沙排沙比与含沙量变化图

但仍可将一部分入库泥沙输走；虽然流量增大，挟沙力增强，但入库沙量增加得更为明显，从而造成流量大排沙比反而较小。上述现象亦说明，虽然排沙比随水沙条件可能出现不同的变化趋势，但最终都将统一于水库的不平衡输沙规律。

2. 三峡水库实测排沙比与预测结果对比

排沙比作为衡量水库淤积发展程度的重要指标，其大小表征了该时段水库淤积的强度。对于三峡水库的泥沙淤积问题，多家单位采用数学模型进行了大量的研究，其中长科院和中国水利水电科学研究院(以下简称水科院)作为主要的研究单位，负责应用基本相同的数学模型进行了计算[16]，在 1986 年中、加两国合作研究开发三峡时，加方承包公司的泥沙专家对该模型给予了多方肯定[17]。另外周建军等[18]、陈建等[19]也利用各自的一维模型进行了计算，在相同条件下各模型计算结果基本接近。根据相关计算结果，在 150m 方案下水库初期 10 年的平均排沙比在 30%以上，而三峡水库近年来的实测资料表明，在与 150m 方案调度方式差别不大的 2006～2008 年，年均排沙比分别为 8.7%、23.1%和 14.8%，较预测值明显偏小。

另外，当时计算采用的水沙系列为 1961～1970 年的水沙过程(以下简称 60 系列)，但 20 世纪 90 年代以来(以下简称 90 系列)库区来沙条件发生了较大变化，虽然径流量相差不大，但来沙量较 60 系列减少 30%，级配明显变细(图 2.13、图 2.14)，三峡水库实际蓄水运用以来，2003～2008 年寸滩站输沙量较多年平均值减少达 53%[20]。由式(2-4)可知，由于径流量和调度方式差别较小，因而水库输沙能力变化应不大，而入库沙量减少，实际条件下三峡水库的排沙比应大于 60 系列的计算结果；若进一步考虑级配变化对挟沙力的影响，由挟沙力公式[式(2-3)]可知，来沙级配变细，沉速降低，挟沙力应增大，因而应进一步增大水库排沙能力。

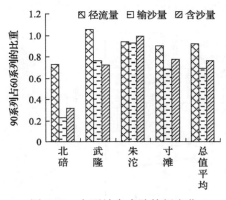

图 2.13　主要站点水沙特征变化　　　　　图 2.14　寸滩站悬沙级配变化

比较三峡水库 2006～2008 年实测分组进出库泥沙(表 2.3)与水科院三峡 150m 方案的计算结果(表 2.4)可见，计算值与实测值相差较明显的是细颗粒泥沙，计算中水库运行前十年粒径小于 0.010mm 的泥沙排沙比为 90.63%，而实测 0.004mm 和 0.008mm 沙的排沙比分别是 26.54%和 19.44%，二者相差较大。而 0.004mm 和 0.008mm 沙在三峡实际入库沙量中所占的比重可达 50%，由此可见，研究三峡水库较细颗粒泥沙的排沙比变化，对正确认识三峡水库的淤积强度与速度具有重要的影响。

表 2.3　三峡水库实测分组排沙比　　　　　　　　　(单位：%)

年份	不同粒径对应的排沙比								
	1.000mm	0.500mm	0.250mm	0.125mm	0.062mm	0.031mm	0.016mm	0.008mm	0.004mm
2006	0.00	0.21	0.71	1.76	5.90	3.97	5.30	13.25	11.37
2007	0.00	18.08	3.26	1.50	19.29	12.45	17.35	26.27	37.07
2008	0.00	0.79	0.96	1.61	10.57	9.98	10.38	15.43	24.78
平均值	0.00	8.06	1.84	1.59	13.34	9.73	12.15	19.44	26.54

注：各粒径对应的平均值由 2006～2007 年该粒径总入库沙量和总出库沙量计算得出。

表 2.4　三峡水库 150m 方案分组排沙比[15]

项目	全沙	0.010mm	0.025mm	0.050mm	0.100mm	0.250mm	0.500mm	1.000mm
进库沙量/10⁸t	5.12	0.96	0.87	1.34	1.22	0.52	0.16	0.05
出库沙量/10⁸t	1.77	0.87	0.53	0.32	0.04	0.00	0.00	0.00
排沙比/%	34.57	90.63	60.92	23.88	3.28	0.00	0.00	0.00

3. 恢复饱和系数与挟沙力

由式(2-2)可知，在进库水沙一定的条件下，有两个重要的物理量决定出口断面含沙量，一个是挟沙力 S_*，另一个是恢复饱和系数 a。这两个物理量也是运用一维水沙数学模型计算水库冲淤时非常重要的物理量，挟沙力决定了某种水流条件输送泥沙的能力，并最终决定水库平衡形态；而恢复饱和系数则是用来反映非饱和输沙比饱和输沙含沙量调整缓慢的幅度[21]，虽然对水库最终平衡断面建立的影响相对较小，但对淤积过程影响较大[22]，换言之，其对水库达到平衡的时间具有较大影响。在实际运用中，这两个物理量的取值将决定数学模型预测的成败。本节将针对恢复饱和系数和挟沙力，研究可能造成数学模型与实测细颗粒泥沙排沙比差异较大的原因。

针对挟沙力公式，众多学者进行了大量的研究。由于研究思路不同，所得到的结果差异也比较大[23]。在长科院与水科院所用模型对三峡水库泥沙淤积进行的研究中，韩其为针对挟沙力公式进行了长期的工作[10,24-26]，利用较多的资料，率定挟沙力公式中的 m 和 K，得到 $m=0.92$ 和 $K=0.245$，即 $K/g^{0.92}=0.03$。

对于恢复饱和系数，由于其对不平衡输沙方程出库含沙量的求解具有重要意义，因此以往进行过不少研究[1]：第一种是按沙量平衡直接建立均匀沙的一维不平衡输沙方程式得到的，它被解释为沉降概率，其值小于 1[27]；第二种是通过求解二维扩散方程，按照较简单的边界条件求得其解后，可导出恢复饱和系数，而其值则大于 1[28]；第三种是通过积分二维扩散方程，当边界条件较简单时，得出恢复饱和系数为底部含沙量与平均含沙量的比值，显然也大于 1[10]。关于恢复饱和系数的取值，韩其为在模型中也进行了大量的研究，最早从实际资料分析得到恢复饱和系数小于或接近 1，即冲刷时取 1，淤积时取 0.25[29]；其后又根据泥沙运动统计理论建立不平衡输沙的边界条件，得到不平衡输沙条件下恢复饱和系数的表达式[30,31]，其研究结果表明在一般水力因素条件下，平衡时恢复饱和系数取值与以前采用经验结果确定的冲刷时取 1、淤积时取 0.25 基本是一致的。由此可见各研究成果差别较大，恢复饱和系数值的变化范围可以达到 0.01～10.00，对数学模型成果将影响很大。

在数学模型的应用中，往往需要同时率定恢复饱和系数和挟沙力两个参数，这就增加了率定成果的不确定性，韩其为亦指出"对于泥沙数学模型除开它们采用的有关公式、参数外，还要特别强调数学模型的总体验证（包括率定和检验）"[32]。

通过前面的分析可知，造成三峡水库实测排沙比与数学模型计算成果差异较大的原因主要是细颗粒泥沙排沙比计算值较小。而对于细颗粒泥沙，在三峡水库蓄水运用以来，清溪场至坝前河段一直呈淤积的趋势，水库输沙一直处于超饱和输沙状态，含沙量在向挟沙力靠拢，但应大于或等于挟沙力。因此通过统计各流量级下常年回水区含沙量的下包线，可将其近似当作各粒径组泥沙对应的挟沙力，当然其较实际挟沙力是偏大的。图 2.15 为利用三峡水库 2007~2008 年汛期常年回水区河段实测资料统计的各流量级下分组含沙量最小值，此处将其近似视为各流

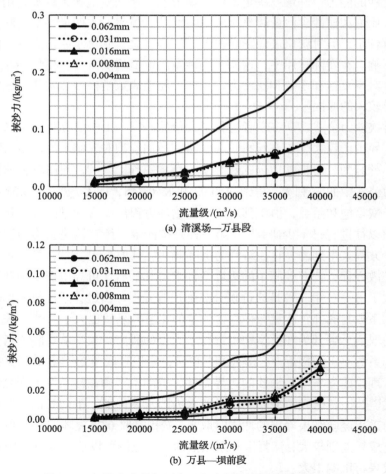

(a) 清溪场—万县段

(b) 万县—坝前段

图 2.15　三峡水库常年回水区各流量级下的含沙量最小值

量级对应的挟沙力，后面将直接称其为挟沙力。由图可知，统计得出的不同粒径组挟沙力均随流量的增加而增加；粒径越小挟沙力越大；同粒径同流量下越往坝前挟沙力越小。

得到各粒径及各流量级下挟沙力后，就可以利用式(2-2)及进出口含沙量反求出各粒径及各流量级下的恢复饱和系数，得到的恢复饱和系数如图 2.16 所示。由图可知，在三峡水库运行初始阶段，恢复饱和系数表现出如下变化特点。

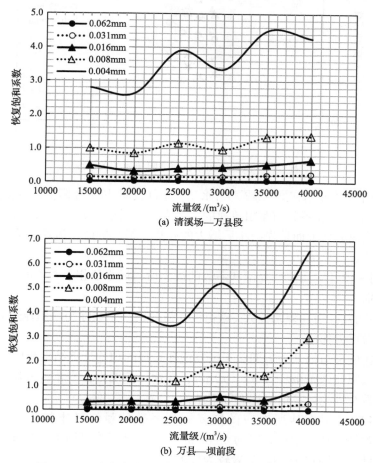

图 2.16　三峡水库常年回水区各流量级下的恢复饱和系数

(1)淤积过程中，恢复饱和系数表现出多值性，不同粒径间恢复饱和系数相差很大，粒径越小恢复饱和系数越大，最小值为 0.01，而最大值则接近 7.0，存在量级上的差别。

(2)对于同一河段，恢复饱和系数表现出随流量增大而增大的特点，但在最小流量下对应的恢复饱和系数反而又有所增大。

　　为了研究影响恢复饱和系数的因素，本节首先建立了摩阻流速与恢复饱和系数的关系，用于分析水动力条件对恢复饱和系数的影响，将不同河段各粒径组恢复饱和系数与摩阻流速的关系绘于图 2.17 上。

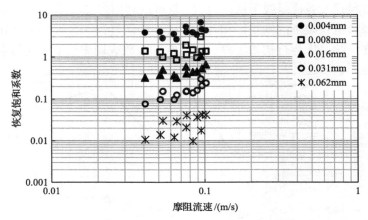

图 2.17　恢复饱和系数与摩阻流速的关系图

　　(1)由于水库蓄水初期水深较大，水动力条件较弱，因而摩阻流速变化范围较小。

　　(2)从恢复饱和系数与摩阻流速的关系来看，不同河段各粒径组恢复饱和系数均随摩阻流速的增大而呈先减小后增大的趋势，最小的摩阻流速对应的恢复饱和系数往往并非最小值。

　　(3)同一粒径组泥沙恢复饱和系数的最大值与最小值相差并不明显，不存在量级上的差别。

　　(4)不同粒径组间差别较大，这也说明恢复饱和系数除与摩阻流速有关外，还决定于自身重力作用。

　　将上述成果与韩其为近期关于恢复饱和系数的理论计算结果相比[33]，实测资料统计的摩阻流速范围在 0.05～0.1m/s，在这一范围内，将相近各粒径组泥沙恢复饱和系数与理论计算值对比有如下结论。

　　(1)各粒径组泥沙所对应的恢复饱和系数的量级基本接近，以 0.004～0.008mm 泥沙为例，中值粒径为 0.006mm，统计结果恢复饱和系数处于 0.9～3，相应理论计算值则在 1～4，二者较为接近。

　　(2)理论计算曲线均呈上凹型，摩阻流速小于一定值后，恢复饱和系数转为增大，这与实测资料统计结果相一致，即与最小流量级所对应的恢复饱和系数并非最小的特性相一致。

　　(3)较粗颗粒泥沙的恢复饱和系数在较小摩阻流速范围内并非单值，这也说明了 0.062mm 粒径组所对应的恢复饱和系数较为散乱存在其理论可能性。

　　与韩其为恢复饱和系数理论计算值的相互验证，表明了统计结果的合理性。

韩其为的方法物理意义比较明确，但在这一方法中，对于非饱和调整系数并未给出理论计算方法，因此其在非饱和输沙模型的实际应用中还存在一定的困难。不同粒径组间恢复饱和系数变化特点说明恢复饱和系数除与摩阻流速有关外，还决定于自身重力作用，而悬浮指标实质上代表了重力作用与紊动作用的相互关系，因此通过分析各河段恢复饱和系数与悬浮指标的关系可以研究恢复饱和系数受水动力条件和颗粒特性的影响，见图 2.18。由图可知，无论是清溪场—万县河段，还是万县—坝址（黄陵庙站距离大坝很近，一般用该站表征坝址）河段，各粒径、各流量级下恢复饱和系数与悬浮指标均存在较好的相关关系，二者呈带状分布，且带宽很小，恢复饱和系数随悬浮指标的增大而减小。

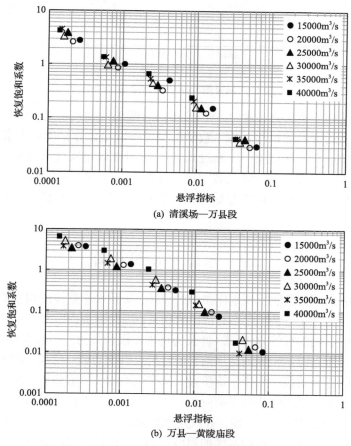

(a) 清溪场—万县段

(b) 万县—黄陵庙段

图 2.18　不同河段恢复饱和系数与悬浮指标关系图

将不同河段恢复饱和系数与悬浮指标的关系绘于同一幅图上（图 2.19），并建立恢复饱和系数与悬浮指标的相关关系，R 的平方值为 0.9513，相关关系较好。因此，拟合出恢复饱和系数的经验关系公式，即

$$a = 0.002z^{-0.91} \tag{2-5}$$

式中，a 为恢复饱和系数；z 为悬浮指标。

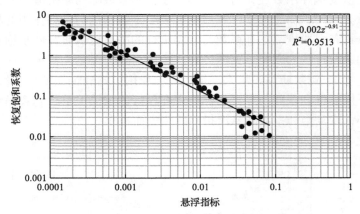

图 2.19　恢复饱和系数与悬浮指标关系图

　　与理论计算公式相比，式(2-5)虽然不具有明确的物理意义，但是经过了三峡水库蓄水后实测资料的检验，用于数学模型能够满足计算精度的要求，而且具有应用简便的特点。实际使用中，通过式(2-5)可以在确定恢复饱和系数的前提下，单独率定挟沙力系数，从而降低数学模型参数率定中的不确定性，并且可以避免已有数学模型研究成果中由恢复饱和系数取特定值所造成的细颗粒排沙比计算不合理的现象。

2.2　水库平衡纵比降

　　水库的纵剖面常常能反映水库淤积的总体，又因水库整体淤积主要由纵向不平衡输沙决定，而它又与纵向形态有密切的联系，因此纵剖面常常是反映淤积形态和它对再淤积的影响的有效方法[10]。韩其为将水库淤积分为三个转折点和四个阶段，其中第一个转折点即淤积体到达坝前，该转折点以前为第一阶段，即淤积阶段，该转折点以后的三个阶段均属于平衡阶段。从实用上看，一般将第二阶段，即悬移质平衡阶段作为水库淤积的相对平衡阶段，也即一般意义上讨论的水库达到了初步平衡。通过 2.1 节的研究可以发现，在决定水库淤积的三个因素中，除调度方式可以通过人类活动加以改变以影响水库的泥沙运动外，进口的水沙条件在一定时期内也并不是一成不变的，这种变化可能会改变原有水库设计论证阶段的预测结果。水沙条件的这种改变往往具有决定性的影响，并且人类要通过调度方式优化水库泥沙淤积，也是在某一特定水沙条件下才能实现的。正如陈建[5]在研究调度方式变化对三峡水库淤积影响时指出的：水库淤积平衡后，水库纵向淤积形态是否发生大的变化取决于低水位期水流的输沙能力是否可以把此时段的来沙以及在高水位期淤下的泥沙排向下游。因此，水库输沙平衡及平衡纵剖面的确立是由水库来沙量与水库挟沙力决定的，并最终统一于不平衡输沙的基本规律。研究相对平衡纵剖面，关键是研究相对平衡纵比降及决定相对平衡纵比降的第一造床流量。知道了相对平衡纵比降之后，只需要按照选定的坝前水位及平衡水深，即可得到河底和水面相对平衡纵剖面。本节将重点研究水沙过程与调度共同作用下水库平衡纵比降的变化。

2.2.1　水沙过程与蓄水时间

对于综合利用水库，往往需要考虑汛期降低水位排沙与尽早抬高水位蓄水发电间的平衡问题，汛后蓄水时间的优化也成为水库优化调度一个重要方向，而制约水库汛后蓄水时间优化的因素除防洪问题之外，还有排沙期缩短对泥沙淤积的影响。陈建[5]利用数学模型进行研究，认为若排沙期长度的变化没有超出汛期富余输沙能力的范围，则其最终结果只会改变水库的淤积过程，并不会改变最终的平衡状态。汛限水位持续时间的长短是否改变水库最终的淤积平衡状态，取决于有效冲刷期内是否可以把增加的淤积量冲掉。甘富万[4]建立了冲刷期排沙过程简化计算公式，分析了特定水沙条件下水库排沙期排沙效率的变化以及排沙期长度改变对水库淤积的影响，认为排沙期持续一定时间后对泥沙淤积的影响逐渐减小。但其研究没有涉及水沙条件本身对排沙期长度变化的影响，并且在计算中用平均流量来概化流量过程，弱化了不同流量级间的区别。

韩其为对水库平衡纵比降进行了研究。首先在满足输沙纵向平衡条件下，联解水流运动、水流连续、挟沙力方程及河相系数关系，得到[34,35]：

$$J_{\mathrm{c}} = \frac{n^2 \xi^{0.4} S^{\frac{0.73}{m}} \varpi^{0.73} g^{0.73}}{K^{\frac{0.73}{m}} Q^{0.2}} = k \frac{n^2 \xi^{0.4} \varpi^{0.73}}{Q^{0.2}} S^{\frac{0.73}{m}} \qquad (2\text{-}6)$$

式中，J_{c} 为平衡纵比降；n 为曼宁糙率；S 为含沙量；ϖ 为悬移质平均沉速；ξ 为河相系数；Q 为流量；g 为重力加速度；$k = K^{-0.73/m}$，m 及 K 为挟沙力公式中的系数。

式(2-6)中只有 k 及 m 是待定的，梁栖荣利用长江中下游及一些水库的坡降资料和含沙量等资料求得 $k = 47.3$，$0.73/m=0.678$，式(2-6)进一步变为

$$J_{\mathrm{c}} = 47.3 \frac{n^2 \xi^{0.4} S^{0.678} \varpi^{0.73}}{Q^{0.2}} \qquad (2\text{-}7)$$

式(2-7)为固定流量和含沙量条件下的平衡纵比降公式，韩其为在推求第一造床流量的过程中，又考虑了短时段水沙条件的影响，运用有效排沙期的输沙量与造床期的输沙量相等得到：

$$J_{\mathrm{c}} = 47.3 \frac{n^2 \xi^{0.4} \varpi^{0.73} W_{\mathrm{s}}^{0.678}}{Q_1^{0.878} T^{0.678}} \qquad (2\text{-}8)$$

式中，输沙量 $W_{\mathrm{s}} = \sum S_i Q_i t_i$；第一造床流量 $Q_1 = \left[\sum\limits_{i=1}^{N} \dfrac{Q_i^{1+P} t_i}{T} \right]^{\frac{1}{1+P}}$，$Q_i$ 和 S_i 分别为第 i 时段流量和含沙量，t_i 为第 i 时段持续时间，$T = \sum\limits_{i=1}^{N} t_i$ 为总时间，N 为时段数；P 为含沙量与流量关系系数。因此式(2-8)考虑变动流量过程并通过选取不同造床期长度反映了汛限水位持续时间的变化。

由式(2-8)可知，决定平衡纵比降的因素包括糙率、沉速、造床流量、汛期来沙、枯水期淤积下的沙量以及造床期长度。由于此处重点分析水沙条件与蓄水时间对平衡纵比降的共同影响，因而除水沙条件与汛限水位持续时间外，其他值假定不变。

本节利用三峡设计论证阶段采用的 60 系列水沙过程，采用式(2-8)建立了平衡纵比降、造床流量与汛限水位(起始时间为 6 月 1 日)持续时间的关系，如图 2.20 所示。由图可知，造床流量随汛限水位持续时间的变化特点如下。

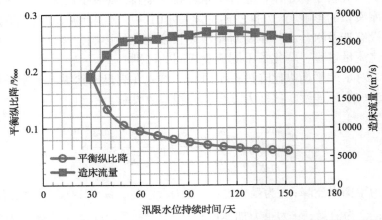

图 2.20　三峡水库 60 系列下平衡纵比降、造床流量与汛限水位持续时间关系图

(1)在 7 月份造床流量随汛限水位持续时间的增加而迅速增大，7 月份以后至 10 月底，造床流量维持在 25000～27000m³/s，最大造床流量对应的蓄水时间为 10 月 1 日。

(2)平衡纵比降与造床流量变化基本一致，平衡纵比降随汛限水位持续时间的延长而变小的幅度变缓，亦即在一定程度上缩短汛限水位持续时间，平衡纵比降变化较小。

(3)水库蓄水时间由 10 月 1 日提前至 9 月 1 日，水库平衡纵比降增加 0.02‰，这也是可以对三峡水库汛后蓄水时间优化的原因所在。

图 2.20 是在 10 年平均水沙过程的基础上建立起来的,其造床流量随汛限水位持续时间的变化反映了 10 年平均的汛期流量过程,而平衡纵比降的变化过程则反映了平均水沙过程与蓄水时间的关系。但各年年内水沙过程并不是一成不变,而是表现出不同的特点。本书根据 1961～1970 年各水沙过程的变化特点将其分为三类,分别为 I 型、II 型、III 型,但上述分类并不反映来沙量绝对值的多少。

其中 I 型包括了 1961 年、1963 年、1965 年、1968 年、1969 年和 1970 年共 6 年的水沙过程,也是 60 系列中主要的一种水沙过程形式。以 1970 年为例,汛期水沙过程如图 2.21 所示,其特点为洪峰与沙峰同步,大洪峰出现时间早。

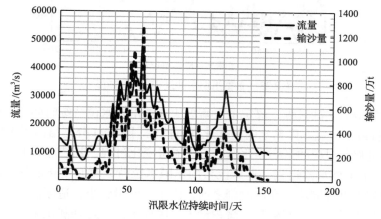

图 2.21　I 型汛期水沙过程图(1970 年)

II 型包括了 1962 年和 1966 年的水沙过程。以 1966 年为例,汛期水沙过程如图 2.22 所示,其突出特点为大洪峰出现的时间较晚。

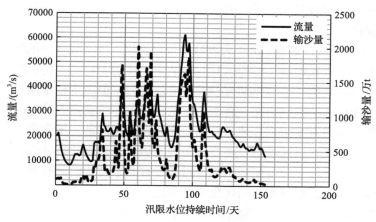

图 2.22　II 型汛期水沙过程图(1966 年)

Ⅲ型包括了 1964 年和 1967 年的水沙过程。以 1964 年为例，汛期水沙过程如图 2.23 所示，其突出特点为年内流量比较平均，最大流量也出现得较晚。

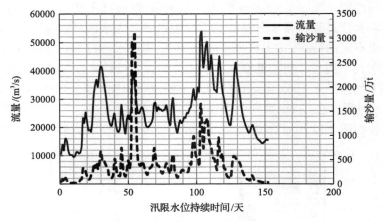

图 2.23　Ⅲ型汛期水沙过程图（1964 年）

不同类型的水沙过程，决定了平衡纵比降随汛限水位持续时间变化的特点不同，这也将最终决定水库蓄水时间优化的可能性。图 2.24 分别给出了Ⅰ型、Ⅱ型、Ⅲ型水沙过程所对应的平衡纵比降、造床流量变化过程，其特点如下。

（1）对于Ⅰ型水沙过程，造床流量随汛限水位持续时间变化的拐点出现得较早，一般与大洪峰同步；在此时刻之前，由于来流量较小，造床流量小，输沙能力低，而非汛限水位时间较长，淤积量大，因而平衡纵比降随汛限水位持续时间的缩短迅速增大；在此时刻之后，造床流量维持在一个较大值，大洪峰输沙能力强，虽然枯水期淤积量随时间的变化有所增减，但相对于汛期输沙能力的变化而言较小，因此在汛限水位持续一定时间的基础上，平衡纵比降的变化逐渐变缓。这种类型的水沙过程是 60 系列的主要形式，其年内变化特点有利于对汛后蓄水时间进行优化。

（2）对于Ⅱ型水沙过程，由于大洪峰出现得较晚，造床流量随汛限水位持续时间的增加有一个较长的增长过程，其后逐渐变小或趋于稳定，拐点出现的时间较晚；在拐点出现之前，虽然汛期有一定的输沙能力，但由于枯水期蓄水，最大洪峰所挟带的泥沙无法顺利出库，高水位时淤积量大，汛期需要冲走的前期淤积量也大，可能会超过其富余输沙能力，因而在拐点出现之前，平衡纵比降随汛限水位持续时间的缩短而迅速增加；在拐点出现之后，平衡纵比降随汛限水位的变化才逐渐趋缓。由此可见，Ⅱ型来水来沙过程往往要求蓄水时间较晚，维持一个较长的排沙期，因而汛后蓄水时间优化的空间较少。

（3）对于Ⅲ型水沙过程，其汛期水沙过程分布得较为均匀，造床流量随汛限水位持续时间的变化而略有增加，但变化不明显，因而不存在明显的拐点；汛期

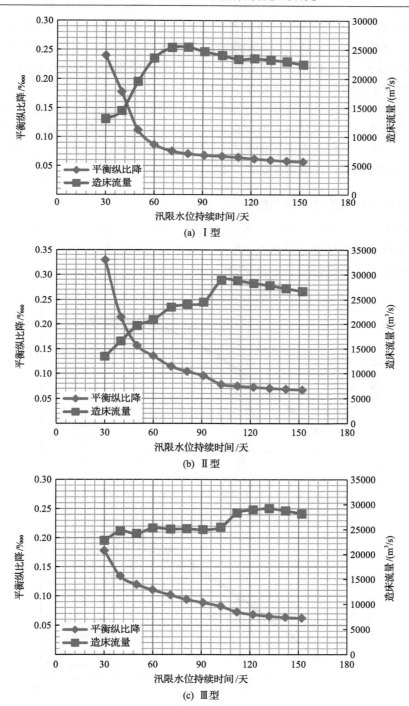

图 2.24　各型水沙过程平衡纵比降、造床流量与汛限水位持续时间关系图

有一定的输沙能力，但 9 月、10 月蓄水所造成的淤积量的增加也较为明显，因而平衡纵比降随汛限水位持续时间的变化幅度基本维持不变；此处仅是讨论不同水沙过程的影响，并不意味着绝对值的大小，但从汛后蓄水时间优化的角度来看，这种类型的水沙过程也不利于调度方式的优化。

由此可见，平衡纵比降随汛限水位持续时间的变化特点因水沙过程而异，其中Ⅰ型的水沙条件为汛后蓄水时间的提前提供了可能，而Ⅱ型、Ⅲ型水沙过程则不利于汛后蓄水时间的提前，因此在研究汛后蓄水时间优化时，需要充分考虑入库水沙过程的影响，选取合适的蓄、泄水时间。

2.2.2 特征水位对泥沙淤积的影响

一般认为，特征水位越高，水库淤积量越大；特征水位越低，水库淤积量越少。运用数学模型计算的溪洛渡水库正常蓄水位与汛限水位变化对泥沙淤积的影响即表明了上述特点，见图 2.25 和图 2.26。

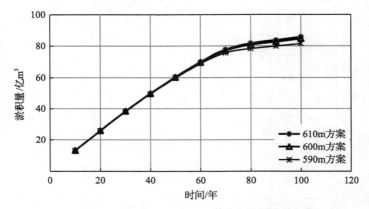

图 2.25　正常蓄水位变化对溪洛渡泥沙淤积的影响

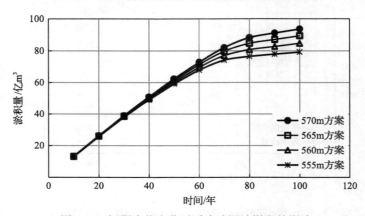

图 2.26　汛限水位变化对溪洛渡泥沙淤积的影响

在水沙一定的条件下，排沙能力大小决定于水面坡降，而水库则通过坝前水位的控制改变水面坡降。甘富万[4]认为坝前水位的改变，首先影响到库区的水面坡降，总体来说，坝前水位的降低有利于增加水库的水面坡降，从而增加输沙能力，见图 2.27。

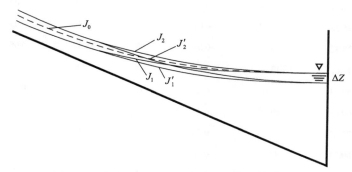

图 2.27　水库坝前水位改变对水面坡降的影响[4]

图 2.27 中 J_1 为小水期水面坡降，J_1' 为小水期坝前水位降低 ΔZ 后的坡降；J_2 为大水期坡降，J_2' 为大水期水位降低 ΔZ 后的坡降，J_0 为中水期坡降。可以明显看出，$J_1'>J_1$，而 $J_2'>J_2$。可见，无论是大水还是小水，坝前水位的降低都可以使得水库的输沙能力比原来有一定程度的增加。

我国现有水库普遍采用的蓄清排浑的调度方式就是基于此原理。在枯水期来水来沙量小，因而蓄高水位进行兴利运用；在汛期，来流量大，含沙量也大，排沙效率高，因而降低水位排沙。蓄清排浑的调度方式在一定程度上利用了水库不同流量、不同坝前水位对泥沙淤积的影响，已经被证明了是行之有效的水库长期使用调度方式。

但特征水位降低造成泥沙淤积量相应减少并不是绝对的，本书在研究溪洛渡水库死水位变化对泥沙淤积的影响时，发现了与之相反的现象，即水库淤积量随死水位的降低而增加，见表 2.5。溪洛渡水库设计死水位是 540m（为基本方案），数学模型计算结果显示死水位抬高 5m，百年末水库总淤积量减少 1.95 亿 m^3，死水位降低 5m 水库总淤积量反而增加 1.01 亿 m^3，这与以往的认识存在矛盾。本书即针对这一现象进行了分析，研究认为造成这种差异的原因与水库自身的运行方式有关，并最终取决于坝前水位变化对水库输沙能力的影响。

溪洛渡水库的运行方式为水库 5 月底坝前水位消落到死水位，在死水位持续一段时间后 6 月份按保证出力蓄至汛限水位，7 月~9 月 10 日库水位控制在汛限水位运行，9 月 11 日开始第二次蓄水，9 月底蓄至正常蓄水位，此后进行水库径流调节，翌年 5 月底库水位消落至死水位。为了排除前期冲淤计算带来的影响，选择水库计算第一年相关数据说明上述现象。

表 2.5　死水位变化时各方案淤积量变化表

时间/年	基本方案	545m 方案			535m 方案		
	淤积量/亿 m³	淤积量/亿 m³	差值/亿 m³	变化率/%	淤积量/亿 m³	差值/亿 m³	变化率/%
10	13.04	13.04	0	0.00	13.06	0.02	0.15
20	25.83	25.82	−0.01	−0.04	25.86	0.03	0.12
30	38.32	38.29	−0.03	−0.08	38.37	0.05	0.13
40	49.68	49.56	−0.12	−0.24	49.8	0.12	0.24
50	60.24	60.02	−0.22	−0.37	60.49	0.25	0.42
60	69.65	69.29	−0.36	−0.52	70.07	0.42	0.60
70	77.07	76.54	−0.53	−0.69	77.53	0.46	0.60
80	80.74	80.08	−0.66	−0.82	81.05	0.31	0.38
90	82.68	81.46	−1.22	−1.48	83.4	0.72	0.87
100	84.71	82.76	−1.95	−2.30	85.72	1.01	1.19

　　图 2.28 给出了计算第一年各方案坝前水位过程。5 月 4 日之前各方案水位过程相同，5 月 4 日 545m 方案已降至死水位，而基本方案与 535m 方案分别于 5 月 20 日和 5 月 23 日降至死水位；各方案死水位持续至 6 月 6 日，于 6 月 7 日开始起蓄，545m 方案、基本方案与 535m 方案蓄至汛限水位的时间分别为 6 月 18 日、6 月 21 日和 6 月 23 日；其后各方案坝前水位过程又保持一致。

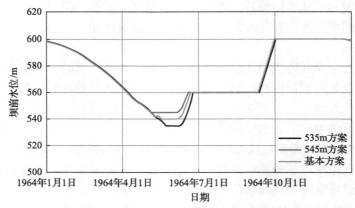

图 2.28　计算第一年各方案坝前水位过程图

　　各方案坝前水位出现差异前、出现差异至第一次蓄水前、蓄水过程这三个时期的入库水沙特征值列于表 2.6。第一次蓄水前的两个阶段，虽然持续时间较长，但入库流量及沙量均较小，6 月 7 日以后流量逐渐增多，入库沙量也大幅增加。表 2.7 给出了各阶段出库沙量与同时段排沙比，5 月 4 日之前各方案坝前水位过程一致，因而出库沙量与排沙比相同；5 月 4 日～6 月 7 日，各方案水位存在差别，死水位越低，出库沙量越大，排沙比越大；6 月 8 日～6 月 23 日，各方案第一次蓄水，死水位越低，出库沙量越小，排沙比越小。这是由于死水位越低，蓄水阶段需要蓄的水量越大，蓄水时间越长，出库流量减少越明显，从而降低了这一时期的排沙能力，如图 2.29 所示。全年来看，降低死水位增加的输沙量小于第一次蓄水期间减小的输沙量，因而在其他条件不变的前提下，溪洛渡泥沙淤积总量随死水位的变化表现为死水位降低、淤积量增加，死水位抬高、淤积量减小。

表 2.6　计算第一年入库水沙特征值

日期	天数/天	入库沙量/万 t	最大流量/(m³/s)	最小流量/(m³/s)	平均流量/(m³/s)
1 月 1 日～5 月 3 日	124	148.4	1920	1300	1504
5 月 4 日～6 月 7 日	35	178.3	3080	1910	2278
6 月 8 日～6 月 23 日	16	1088.5	6890	3440	4477

表 2.7　计算第一年出库沙量

日期	基本方案			545m 方案			535m 方案		
	出库沙量/万 t	淤积量/万 t	排沙比/%	出库沙量/万 t	淤积量/万 t	排沙比/%	出库沙量/万 t	淤积量/万 t	排沙比/%
1 月 1 日～5 月 3 日	0.7	147.7	0.5	0.7	147.7	0.5	0.7	147.7	0.5
5 月 4 日～6 月 7 日	9.6	168.7	5.4	7.9	170.4	4.4	11.4	166.9	6.4
6 月 8 日～6 月 23 日	16.2	1072.3	1.5	19.1	1069.4	1.8	13.5	1075.0	1.2

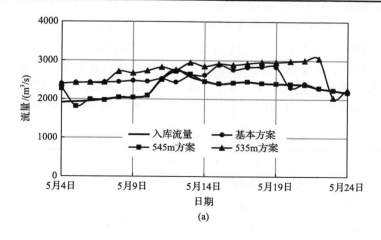

(a)

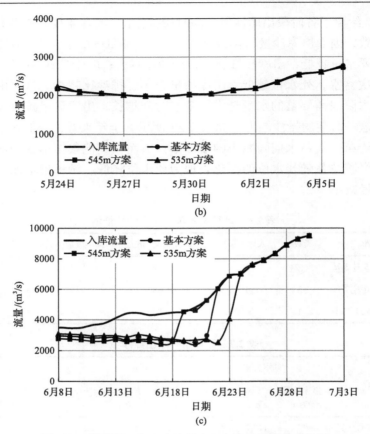

图 2.29　计算第一年入库流量和各方案出库流量变化图

溪洛渡水库泥沙淤积随死水位的变化因水沙条件的不同，而表现出不同的特点。表 2.8 和表 2.9 给出了改用 2004 年实测水沙过程后各阶段入、出库沙量与同时段排沙比。与 1964 年水沙条件不同，2004 年三个阶段入库沙量差别并不明显，蓄水阶段来沙量增加不大。5 月 10 日之前各方案坝前水位过程一致，因而出库沙量与排沙比相同；5 月 10 日~6 月 7 日，各方案水位存在差别，死水位越低，出库沙量越大，排沙比越大；6 月 8 日~6 月 23 日，各方案第一次蓄水，死水位越低，出库沙量越小，排沙比越小。全年来看，改用新的水沙条件后，蓄水前降

表 2.8　计算第一年（2004 年）入库水沙特征值

日期	天数/天	入库沙量/万 t	最大流量/(m³/s)	最小流量/(m³/s)	平均流量/(m³/s)
1 月 1 日~5 月 9 日	130	327.4	3370	1490	1972
5 月 10 日~6 月 7 日	29	264.0	3680	1870	2929
6 月 8 日~6 月 23 日	16	446.5	5420	3250	4239

表 2.9　计算第一年（2004 年）出库沙量

日期	基本方案			545m 方案			535m 方案		
	出库沙量 /万 t	淤积量 /万 t	排沙比 /%	出库沙量 /万 t	淤积量 /万 t	排沙比 /%	出库沙量 /万 t	淤积量 /万 t	排沙比 /%
1 月 1 日～5 月 9 日	6.5	320.9	2.0	6.5	320.9	2.0	6.5	320.9	2.0
5 月 10 日～6 月 7 日	46.5	217.5	17.6	41.4	222.6	15.7	53.3	210.7	20.2
6 月 8 日～6 月 23 日	37.4	409.1	8.4	42.4	404.1	9.5	33.7	412.8	7.5

低死水位增加的输沙量，大于由于蓄水而减少的输沙量，因而溪洛渡泥沙淤积总量随死水位的降低而减小，随死水位的抬高而增加。

由此可见，死水位后水库淤积量的变化，取决于降低水位增加的输沙量与第一次蓄水期间减小的输沙能力的对比情况。不仅如此，降低汛限水位排沙也存在上述问题，区别只不过是汛限水位持续时间长，降低水位增加的输沙量与蓄水期减小的输沙能力的对比情况不同，因而降低汛限水位排沙一般表现为淤积量的减少。但值得指出的是，目前利用大水期进一步降低水位增加排沙效率作为解决水库泥沙问题的一个重要手段，往往要求在较大流量时降低水位，待较大洪峰过后又回蓄水位，这就容易出现汛限水位陡涨陡落的情况。在这种情况下，就需要研究大流量降低水位排沙增加的输沙量，与大水后回蓄到原汛限水位增加的出库沙量之间的对比关系，因为在汛期抬高水位的过程必然会引起短时段的淤积量增加，而且其相对数量并不容小视，和溪洛渡水库死水位变化所表现出来的现象一样。

综上所述，无论是优化水库蓄水时间还是优化水库特征水位，均应考虑水沙条件的影响。调度方式变化对水库淤积的改变，最终决定于调度方式所引起的水库输沙能力变化和入库水沙过程的相互适应。

2.3　库区典型河段河势调整

2.3.1　水库横断面变化

水库在横剖面的淤积形态是异常复杂的，但是根据大量实测资料分析，仍可概括出若干基本类型。若不考虑推移质淤积的横剖面，对于悬移质而言，韩其为[10]认为横剖面在单纯淤积阶段一般可分为四种基本类型：淤槽为主、等厚淤积、淤滩为主、淤积面水平抬高，如图 2.30 所示。

第三种淤滩为主的情况，并不反映水库淤积的本质，一般很难在变动回水区得出这种淤积的结论，但在某些特殊情况下则会出现这种形态，一般是由局部河势造成的，如弯道控制，使凸岸边滩进一步发展，而表现为淤滩为主。事实上，横剖面除受自身初始形态和水位壅高影响外，其变化还受局部河势的影响，并且这种变化可能会改变局部原有的河势，甚至会出现新的河型。

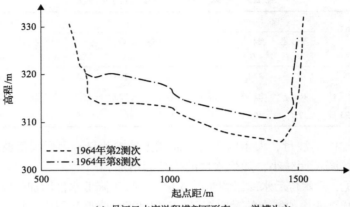

(a) 丹江口水库淤积横剖面形态——淤槽为主

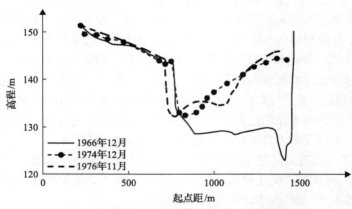

(b) 丹江口水库淤积横剖面形态——等厚淤积

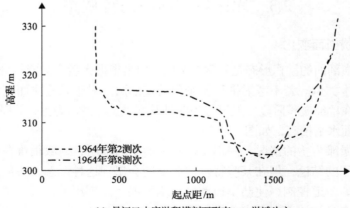

(c) 丹江口水库淤积横剖面形态——淤滩为主

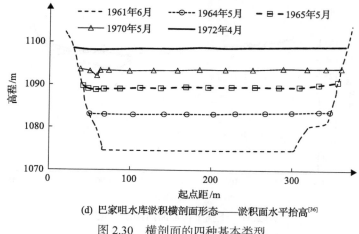

(d) 巴家咀水库淤积横剖面形态——淤积面水平抬高[36]

图 2.30　横剖面的四种基本类型

这种河势调整甚至是河型的变化在水库淤积中是普遍存在的，在变动回水区局部河段的这种横向变化将可能对航道条件造成不利的影响，出现航槽的移位或者易位。本书将对水库局部河段河势调整和河型转化现象进行探讨，重点研究水沙条件变化对二者的影响。

2.3.2　河势调整和河型转化现象

水库修建以后，改变了天然河道的水流运动特点。尤其是在变动回水区河段，枯水期水库蓄水，河段壅水较高，水库的属性较强；汛期水库落水腾空库容，在蓄水初期受壅水影响较小。水流运动特点的改变，将引起河段原有冲淤规律的变化。

1. 河势调整

以土脑子河段为例，该河段距离宜昌 507km，距三峡大坝 460.5km，位于丝瓜碛弯曲河段的末端，全长约 3km。河段进出口为两个反向弯道，进口河宽 1000m 左右，出口河宽 600m 左右，中间放宽段宽约 1500m，为川江典型的弯曲宽浅河段。在放宽段内，河床地形复杂；右岸土脑子一带岸线凹进；土脑子稍下，有丝瓜碛和兔儿坝斜卧江中，中枯水位时，河床被其分为三槽；土脑子下游约 2km 处鹭鸶盘石嘴向江中突出。

天然情况下，该区是川江三大淤沙河段之一，年淤沙量仅次于臭盐碛、兰竹坝，而居第三位。每年汛期 6～10 月主流趋中，右岸深槽逐渐淤积，此段时间内航槽亦随主流左移至兔儿坝右侧；至次年 2～3 月水流归槽，航槽仍归右侧深槽，年内呈周期性往复摆动。土脑子边滩在天然情况下是年内冲淤基本平衡[37]，而三峡水库蓄水后土脑子边滩出现了累积性淤积，如图 2.31 所示[38]。

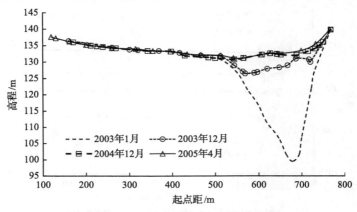

图 2.31　土脑子特征断面冲淤变化[38]

　　究其原因，则是水库蓄水后，土脑子河段汛期水位较天然情况的抬升，使得土脑子附近回流、缓流范围更大，下游鹭鸶盘节点束窄河道壅高水位。受回流淤积以及壅水淤积的影响[39]，大量泥沙落淤于河道右侧深槽；枯水期水位的抬升使得河道水面展宽，水面坡降减小，过水面积增大，水流流速减小，受惯性力的作用，大水趋直，水流主流流线将由右侧深槽左移至河道中部，枯水主流不能完全归槽，水流的挟沙力减小，右侧深槽得不到完全冲刷[40]。随着淤积的发展，其河势从凸岸深槽、凹岸碛坝，即左浅右深的偏 V 形断面变成现在的 U 形断面，随着三峡蓄水位的进一步抬升，凹岸的河床高程不会发生大的变化，而凸岸的淤积将进一步发展，深槽将回归到凹岸，也将引起航槽的移位。

　　这种河势的调整、航槽的移位并不是孤立存在的，而是具有一定的普遍性，如青岩子河段的牛屎碛浅滩段也是属于这种情况[41]。土脑子和牛屎碛浅滩河势调整与航槽移位，均属于淤积部位与天然情况一致，水位壅高导致汛后冲刷不及发生的累积性淤积变化。水库蓄水运用后，由于水位壅高及上游河势的影响，还可能会出现淤积部位与天然情况相反，从而引起河势变化的现象，剪子沱河段即属于这种情况。剪子沱河段为白家河—洋渡溪窄深河段经转弯之后的一个较宽的河段，天然情况下汛期主流靠近左岸，右岸为缓流淤沙区，建库后受枢纽壅水的影响，汛期主流偏靠右岸，左岸变为缓流淤沙区，如图 2.32 所示，从而使得剪子沱河段弯曲半径增大，河道趋向顺直。

　　由此可见，无论是原有淤沙部位得不到冲刷，还是淤积区变化引起的河势调整，均是水库蓄水后水位壅高，改变了河道原有的水动力条件变化规律，从而引起泥沙运动特点的变化，最终通过泥沙淤积和河势调整建立与水库运行相适应的新的平衡。

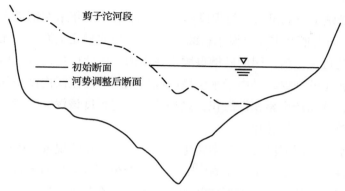

图 2.32　剪子沱河段典型断面变化图

2. 河型转化

水库变动回水区由于淤积和回水的相互作用，具有水库与河道的双重性，典型河段除可能发生河势调整外，在河型转化方面也有其独特的内容[10]，其中最为典型的就是分汊河道转化为单一河道。物理模型试验研究表明[42]，三峡水库蓄水运用以后兰竹坝河段将发生这种河型转化。

兰竹坝—剪子沱河段为川江中著名的淤沙河道之一，位于四川省丰都与忠县之间，距三峡枢纽坝址 416km。天然情况下枯水期主流行北槽，进入汛期主流改行南槽，北槽分流减少，流速降低，加上南槽水流对北槽水流的顶托，北槽开始发生淤积，淤沙区主要集中在虾子碛、兰竹坝北槽及兰竹坝坝尾。汛后水位降落开始发生冲刷，水位降落得越快，冲刷速度越快，年内基本上可以恢复平衡。

150m 方案模型试验结果表明，蓄水后该河段全年均受枢纽蓄水的影响，冲淤情况较建库前有较大变化，由于汛后蓄水，汛期淤下的泥沙得不到充分的冲刷，兰竹坝河段开始出现累积性淤积。图 2.33 为兰竹坝坝尾断面淤积形态图，由图可

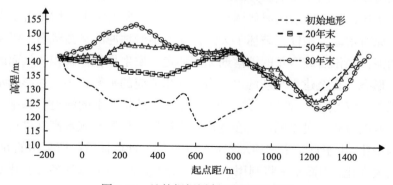

图 2.33　兰竹坝坝尾断面淤积形态图

知，建库后受壅水影响汛后兰竹坝段不再发生冲刷，20 年末左槽最大淤积厚度可达 20 多米，而右槽基本没有淤积；80 年末兰竹坝北槽完全淤死，无论枯、洪水期主流均行兰竹坝南槽，因而航槽也固定在南槽。由此可见，变动回水区分汊河段发生河型转化的现象，是由于水位壅高以后汛期非迎流汊内淤积的泥沙在汛末得不到冲刷，从而产生累积性淤积，淤积达到一定程度该汊完全淤死，即完成由分汊河道向单一河道的转化。

变动回水区分汊河段发生河型转化是一种广泛存在的现象。从丹江口水库 12 个分汊河段蓄水后的变化情况来看[43]，其中六个分汊河段原有支汊已淤死，三个分汊河段原有两汊均淤死，而形成新的单一河道；在三峡水库变动回水区，除兰竹坝段外，金川碛河段也是分汊河段转化为单一顺直河段的典型。

当然，并非库区所有的分汊河段均会发生河型转化。

一方面，汛期壅水需要达到一定的高度，壅水高度低，汛期非迎流汊淤积较少，汛后或第二年消落期有冲刷的可能。直至壅水高度变大，汛期非迎流汊淤下的泥沙汛后或第二年消落期无法全部冲刷，才能发生累积性的淤积。

金川碛河段在 156m 蓄水期，汛期受回水影响较小，因此淤积和自然状态下基本相同，只是略有增多，经过翌年水库消落期和汛期开始时的小洪水冲刷，仍可以达到年内冲淤平衡，不存在严重的累积性淤积。至 175m 蓄水期，汛期壅水高度明显增加，主流进一步趋直，金川碛右汊汛期淤积量增加，汛期淤下的沙量汛末及翌年消落期无法冲走，因而发生累积性淤积。右汊的淤积压迫汛期主流进一步左摆，反过来又促进了泥沙在右汊落淤，最终右汊淤塞，发生河型转化。伴随着河型转化的完成，金川碛主槽也由原来的右汊改走左汊，即发生航槽异位的现象。

另一方面，分汊段的主支汊河地高差太大也会遏制河型转化现象的发生[44]，如铜锣峡河段的广阳坝及中坝分汊河段并未发生河型转化的现象。

综上所述，变动回水区河势调整与河型转化现象的发生，均是由于水库壅水后改变了原有水动力条件，破坏了天然情况下洪淤枯冲的平衡状态，汛期非主流带淤下的泥沙在汛后或翌年的消落期无法冲走，发生累积性淤积，从而改变了原有的河道形态，直至建立与新的水动力条件相适应的平衡状态。在影响水库淤积的三个因素(水沙条件、调度方式、地形)中，天然情况下的河道形态基本不会发生变化，调度方式通过影响河段在变动回水区所处位置和壅水高度进行影响水动力条件的变化。由于近年来三峡水库水沙条件较设计论证阶段所采用的 60 系列已发生了较大变化，因而本书将利用 90 系列水沙过程，研究水沙条件变化对河势调整和河型转化的影响。

2.3.3 水沙条件变化对河势调整和河型转化的影响

青岩子河段位于宜昌上游 565km 处，上起黄草峡，下至剪刀峡，是长江上游川江重要的淤沙浅滩之一。本河段位于 156m 和 175m 蓄水运用的变动回水区，由于水位壅高，放宽段汛期淤积的泥沙汛后难以冲刷，可能产生累积性淤积，并对航道条件带来不利影响。根据已有研究成果，三峡水库蓄水运用后金川碛河段将发生河型转化，分汊河段变成单一河槽，主流转向左汊；蔺市弯道以下牛屎碛浅滩将发生河势调整，原左侧深槽淤积成一个大边滩，主流右移，弯道曲率半径增大。本书将以青岩子河段为例，研究水沙条件变化对河势调整和河型转化的影响。

1. 低壅水阶段

三峡水库实际蓄水运用以来，经历了 135m-139m 和 156m-144m-144m 两个蓄水运用阶段，2008 年汛后开始进行试验性蓄水。在前两个阶段，青岩子河段处于天然状态或受壅水影响较小，因而采用蓄水后实测资料[45]与已有研究成果对比，研究低壅水阶段水沙条件变化对该河段的影响。

实测资料表明，2007 年 3～9 月，河段共淤积 216.5 万 m^3（表 2.10），淤积部位如图 2.34（a）所示；2007 年 9 月至 2008 年 4 月，共冲刷 140.5 万 m^3，冲刷集中在汛期的淤沙区，剩余淤积量较小[图 2.34（b）]。青岩子河段淤积部位主要集中在宽阔段的回流缓流区以及河道主槽内，与三峡论证成果的淤积部位基本一致，但淤积范围和数量明显偏小，年内变化规律与天然情况基本一致。水沙条件变化以后，在低壅水阶段，青岩子河段亦未发生累积性淤积。

表 2.10　青岩子河段淤积参数表

时间	位置	长度/m	宽度/m	面积/万 m^2	淤积量/万 m^3
2007 年 9 月对比 2007 年 3 月	青岩子右汊、金川碛碛尾、磨盘滩附近形成淤积体	3000	300～900	146.0	215.0
	香炉滩	250	40	1.0	1.5
2008 年 4 月对比 2007 年 3 月	金川碛碛尾	1100	60～200	16.0	48.0
	龙须碛	650	100～200	7.0	23.0
	磨盘滩	380	40～150	3.5	4.0
	香炉滩	200	50	1.0	1.0

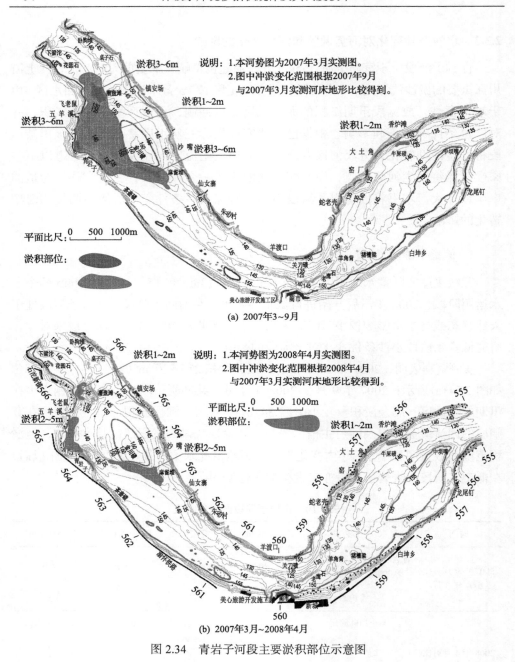

图 2.34　青岩子河段主要淤积部位示意图

2. 高壅水阶段

对于高壅水阶段，本书采用二维数学模型研究三峡水库 175m 蓄水以后，水沙条件变化对青岩子河段的影响，为便于对比，分别采用 60 系列和 90 系列水沙条件进行了长系列的计算。

1）淤积量与淤积部位

高壅水阶段，90 系列水沙条件下青岩子河段仍将发生累积性淤积。由于 90 系列水沙条件较 60 系列发生了较大变化，无论是河段淤积量还是主要淤沙区淤积量，均较 60 系列计算结果变小，但主要淤积部位依然是在沙湾、麻雀堆和燕尾碛。不同水沙系列条件下青岩子河段淤积情况见表 2.11 和表 2.12。水库运行至第 20 年，90 系列沙湾、麻雀堆及燕尾碛三处的淤积量分别为 60 系列同期的 52.3%、66.7%、44.6%，而河段淤积总量则减少约 51%。

表 2.11　60 系列青岩子河段淤积量表

时间	沙湾/万 m³	麻雀堆/万 m³	燕尾碛/万 m³	三区总量/万 m³	河段淤积总量/万 m³	三淤沙区比重/%
第 10 年	470.8	471.0	571.1	1512.9	2548.2	59.4
第 16 年	1081.1	941.0	1239.1	3261.2	5546.1	58.8
第 20 年	1330.4	1054.5	1528.0	3912.9	6975.5	56.1
第 30 年	2111.6	1174.7	2259.9	5546.2	11099.9	50.0

表 2.12　90 系列青岩子河段淤积量表

时间	沙湾/万 m³	麻雀堆/万 m³	燕尾碛/万 m³	三区总量/万 m³	河段淤积总量/万 m³	三淤沙区比重/%
第 10 年	418.8	367.3	293.1	1079.2	1769.4	61.0
第 20 年	696.2	703.5	681.7	2081.4	3440.8	60.5
第 30 年	988.2	892.5	1035.6	2916.3	5061.9	57.6
第 40 年	1319.2	976.8	1459.7	3755.7	6910.7	54.3

从淤积范围来看，水库运行相同时间，90 系列淤积范围较 60 系列明显缩小，淤积厚度也较 60 系列减少，见图 2.35、图 2.36。

2）演变趋势

不同水沙系列青岩子河段演变趋势如图 2.37 和图 2.38 所示。在 90 系列条件下，建库后青岩子河段的淤积部位仍主要在沙湾、麻雀堆和燕尾碛三个淤沙区，但淤积范围及淤积强度均较 60 系列小；随着水库运行时间的增加，90 系列淤积发展趋势与 60 系列相似，淤积范围逐渐扩大，但淤积发展速度较 60 系列明显放慢。

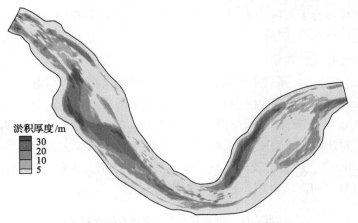

图 2.35 青岩子河段 60 系列 30 年末冲淤分布图

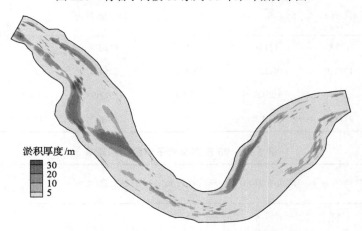

图 2.36 青岩子河段 90 系列 30 年末冲淤分布图

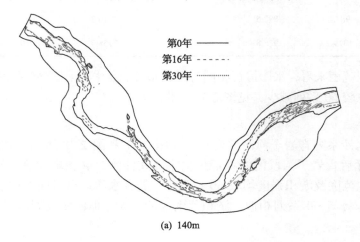

(a) 140m

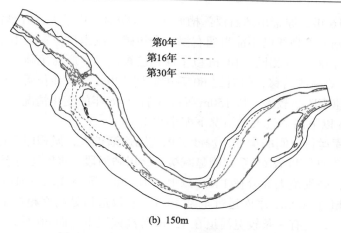

(b)　150m

图 2.37　青岩子河段 60 系列等高线变化图

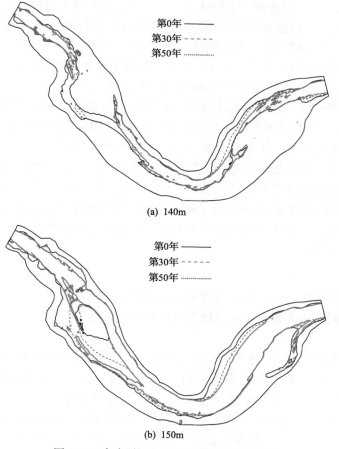

(a)　140m

(b)　150m

图 2.38　青岩子河段 90 系列等高线变化图

计算第 16 年，原金川碛右汊深槽淤积较为明显，由于泥沙在沙湾大量落淤，该处深槽 140m 等高线已不能贯通右汊；金川碛右汊出口位置，由于麻雀堆泥沙淤积下延，与 60 系列相同，140m 以下深槽已被淤满。原燕尾碛左侧深槽也发生淤积，140m 等高线右移，但对比 60 系列同期 140m 等高线位置，90 系列 140m 等高线左移速度明显较慢。从 150m 等高线的第 16 年的变化情况可以看出，金川碛右汊 150m 以下河宽较天然情况下缩小约 1/3。

随着水库运行时间的增加，泥沙淤积范围逐渐扩大，淤积厚度逐渐增加，但 90 系列淤积发展速度较 60 系列明显减缓。金川碛河段，水库运行至第 30 年，右汊河底淤高，高程绝大部分在 140m 以上，但 150m 等高线以下河道仍贯通右汊，且最窄处也超过 200m；水库运行至第 40 年，右汊进口处高程超过 150m，但右汊汊道内至出口，仍有一条较宽河道在 150m 等高线以下。而 60 系列条件下，金川碛右汊 150m 等高线计算第 20 年已不能贯通右汊，第 25 年河型转化已基本完成，150m 等高线已与右岸连成一个整体大边滩。由于金川碛右汊淤积发展速率较慢，金川碛河段主、支汊虽然在第 30 年左右发生易位，但右汊其后衰减速率较 60 系列明显放缓。牛屎碛河段，水库运行至第 30 年，燕尾碛 140m 等高线以下仍有一个较窄河槽可以过流，至第 40 年，140m 等高线最窄处才与牛屎碛相接。而 60 系列条件下，140m 等高线不能贯通河道在第 16 年已发生。

90 系列条件下，河型转化基本完成时间发生在水库蓄水至第 50 年以后，至第 60 年，金川碛右汊河底高程均在 150m 以上，150m 等高线自金川碛左汊至茶壶碛连成整体大边滩，基本形成单一、归顺、微弯的新河型。

综上所述，水沙条件变化并没有改变青岩子河段发生河型转化的趋势，这是由于河段水动力条件并没有发生改变，水位壅高一定幅度以后，河段将会发生累积性淤积，但由于较 60 系列来沙量减少，累积性淤积的泥沙总量也减少。水沙条件变化后，变动回水区典型河段河势调整与河型转化的趋势不会发生变化，但完成的时间大大推迟。

3) 航道条件变化

水沙条件变化后，青岩子河段泥沙淤积强度降低，淤积发展速度减缓，河型转化完成的时间大大推迟。河道地形条件的变化必然引起航道条件随之发生相应的变化。

60 系列条件下，伴随着河道形态的调整，金川碛河段和牛屎碛河段将分别发生航槽易位与航槽移位的现象。如图 2.39 所示，在 156m 运行期，由于此时水库运行时间较短，泥沙淤积总量较小，河床周界条件变化不大，因而航道条件与天然情况下相比基本一致。175m 蓄水运用以来，汛期水位壅高 3.1~6m(前 20 年)，泥沙大量落淤，原金川碛右汊逐渐衰减淤塞，至第 16 年左右两汊地位发生变化，主流易位，消落时段当流量小于 10000m³/s 时，满足 3.5m 水深的航道

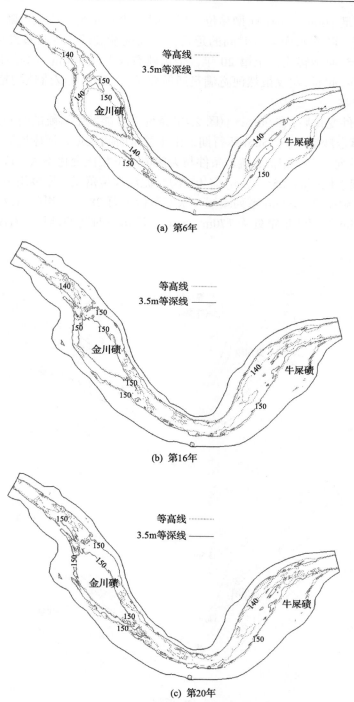

图 2.39　60 系列青岩子河段 3.5m 等深线变化图（单位：m）

最窄处已不足 100m，发生航槽易位。但此时金川碛左汊下段底坡陡、流速大，不利于通航。随着水库运行时间的延长，右汊逐渐萎缩，河型逐渐向单一、归顺、微弯的新河型转化，至第 20 年，金川碛右汊上段 150m 等高线以下淤塞严重，无法通航。此时，左汊虽然河宽满足通航要求，但整个左汊流速均超过 3.0m/s，航道条件较差。

　　水沙条件变化后，在 90 系列(图 2.40)条件下可能发生碍航的时间依然出现在 5～6 月消落走沙期。在 156m 运行期，由于蓄水时间较短，河床周界条件变化不大，与 60 系列条件下相似，航道条件与天然情况下相比变化不大。175m 运行期，90 系列汛期水位壅高 2.5～4.9m(前 40 年)，泥沙大量落淤，原金川碛右汊逐渐衰减淤塞，但淤积速度较 60 系列减缓。水库运行至第 28 年金川碛右汊依然满足通航条件，3.5m 等深线最窄处为 170m。随着水库运行时间的延长，右汊继续淤积，

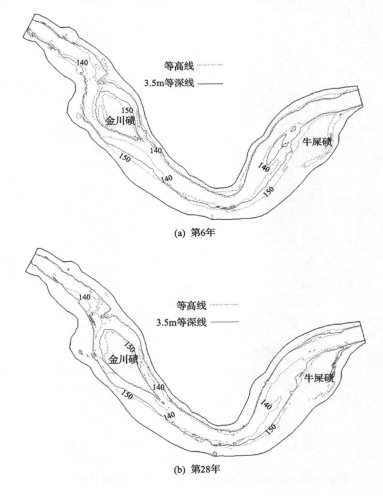

(a) 第6年

(b) 第28年

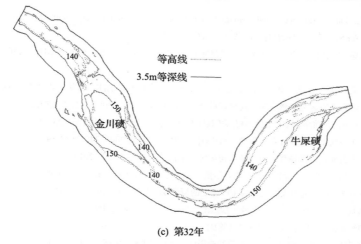

(c) 第32年

图 2.40　90 系列青岩子河段 3.5m 等深线变化图（单位：m）

分流量进一步减小，至第 32 年，金川碛右汊入口处 3.5m 等深线宽度已不足 80m，而左汊下段坡陡流急，也不利于通航。其后，金川碛右汊进一步萎缩，河型转化逐渐完成。

综上所述，水沙条件变化后，青岩子河段仍将出现航槽易位的现象，但出现时间较 60 系列大大推迟。

参 考 文 献

[1] 胡春宏. 我国多沙河流水库"蓄清排浑"运用方式发展与实践[J]. 水利学报, 2016, 47(3): 283-291.

[2] 潘庆燊. 长江水利枢纽工程泥沙研究[M]. 北京: 中国水利水电出版社, 2003.

[3] 朱鉴远. 控制泥沙淤积的主要措施——水库泥沙调度[J]. 四川水利, 1997(3): 6-10.

[4] 甘富万. 水库排沙调度优化研究[D]. 武汉: 武汉大学, 2008.

[5] 陈建. 水库调度方式与水库泥沙淤积关系研究[D]. 武汉: 武汉大学, 2007.

[6] 杨国录. 河流数学模型[M]. 北京: 海洋出版社, 1993.

[7] 谢鉴衡, 魏良琰. 河流泥沙数学模型的回顾与展望[J]. 泥沙研究, 1987(3): 1-13.

[8] 张瑞瑾. 河流泥沙动力学[M]. 2 版. 北京: 中国水利水电出版社, 1998.

[9] 谢鉴衡. 河流模拟[M]. 北京: 水利电力出版社, 1990.

[10] 韩其为. 水库淤积[M]. 北京: 科学出版社, 2003.

[11] 童思陈. 河道型水库泥沙淤积及其长期利用调控模式研究[D]. 北京: 清华大学, 2005.

[12] 郭庆超, 何明民, 韩其为. 三门峡水库(潼关至大坝)泥沙冲淤规律分析[J]. 泥沙研究, 1995(1): 48-58.

[13] 李义天. 三峡水库汛后提前蓄水研究[R]. 武汉: 武汉大学, 2006.

[14] 长江流域规划办公室长江科学院. 三峡水利枢纽工程泥沙问题研究成果汇编(150 米蓄水位方案)[R]. 武汉: 长江流域规划办公室长江科学院, 1986.

[15] 韩其为, 何明民, 孙卫东. 三峡水库150方案悬移质淤积的计算与分析[R]. 北京: 水利水电科学研究院, 1983.

[16] 三峡工程泥沙专家组秘书组. 三峡工程泥沙科研信息[R]. 北京: 三峡工程泥沙专家组秘书组, 2009.

[17] Morris G L, Fan J. Reservoir Sedimentation Handbook: Design and Management of Dams, Reservoirs, and Watersheds for Sustainable Use[M]. New York: McGraw-Hill, 1997.

[18] 周建军, 林秉南, 张仁. 三峡水库减淤增容调度方式研究——双汛限水位调度方案[J]. 水利学报, 2000(10): 1-11.

[19] 陈建, 李义天, 邓金运, 等. 水沙条件变化对三峡水库泥沙淤积的影响[J]. 水力发电学报, 2008, 27(2): 97-102.

[20] 许全喜. 三峡水库库区泥沙淤积原型观测资料分析[R]. 武汉: 长江水利委员会水文局, 2009.

[21] 赵克玉, 王小艳. 一维泥沙数学模型中有关问题的商榷[J]. 水土保持通报, 2003, 23(6): 50-53.

[22] 周建军. 关于三峡水库泥沙计算可靠性的讨论[J]. 水力发电学报, 2005, 24(1): 33-39.

[23] 葛华. 水库下游非均匀沙输移及模拟技术初步研究[D]. 武汉: 武汉大学, 2010.

[24] 方春明, 韩其为, 何明民. 统计理论非均匀沙挟沙能力的计算方法及其验证[J]. 水利学报, 1998(2): 3-5.

[25] 何明民, 韩其为. 挟沙能力级配及有效床沙级配的概念[J]. 水利学报, 1989(3): 7-26.

[26] 何明民, 韩其为. 挟沙能力级配及有效床沙级配的确定[J]. 水利学报, 1990(3): 1-12.

[27] 窦国仁. 潮汐水流中的悬沙运动和冲淤计算[J]. 水利学报, 1963(4): 13-23.

[28] 张启舜. 二元均匀水流淤积过程的研究及其应用[J]. 水利水电科学研究院, 1964(10): 17-22.

[29] 韩其为. 非均匀悬移质不平衡输沙的研究[J]. 科学通报, 1997(17): 804-808.

[30] 韩其为, 何明民. 恢复饱和系数初步研究[J]. 泥沙研究, 1997(3): 32-40.

[31] 韩其为. 扩散方程边界条件及恢复饱和系数[J]. 长沙理工大学学报(自然科学版), 2006(3): 7-19.

[32] 韩其为. 三峡水库泥沙计算成果是可靠的——对"关于三峡水库泥沙计算可靠性的讨论"文章的回应和讨论[J]. 水力发电学报, 2006(6): 91-102.

[33] 韩其为, 陈绪坚. 恢复饱和系数的理论计算方法[J]. 泥沙研究, 2008(6): 8-16.

[34] 韩其为. 长期使用水库的平衡形态及冲淤变形研究[J]. 人民长江, 1978(2): 18-35.

[35] 韩其为, 何明民. 论水库长期使用的造床过程——兼论三峡水库长期使用有关参数[J]. 泥沙研究, 1993, 9(3): 1-21.

[36] 黄河泥沙工作协调小组. 黄河泥沙研究报告选编第一集(上册)[R]. 郑州: 黄河泥沙工作协调小组, 1978.

[37] 长江流域规划办公室长江科学院. 三峡水利枢纽 150 米蓄水位方案丝瓜碛河段泥沙模型试验终结报告[R]. 武汉: 长江流域规划办公室长江科学院, 1985.

[38] 陈立, 王鑫, 张炯, 等. 三峡变动回水区典型淤沙浅滩土脑子河段河型变化特点分析[J]. 水运工程, 2008(1): 70-74.

[39] 黄河水利科学研究院. 第六届全国泥沙基本理论研究学术讨论会论文集[M]. 郑州: 黄河水利出版社, 2005.

[40] 魏丽, 卢金友, 金中武. 三峡水库蓄水后土脑子河段冲淤特性[J]. 水运工程, 2010(4): 100-103.

[41] 水利部科技教育司, 交通部三峡工程航运领导小组办公室. 长江三峡工程泥沙与航运关键技术问题研究专题研究报告集(下册)[M]. 武汉: 武汉工业大学出版社, 1993.

[42] 清华大学水利系泥沙试验室. 长江三峡水利枢纽 150 方案兰竹坝河段泥沙模型试验报告[R]. 北京: 清华大学水利系泥沙试验室, 1985.

[43] 王荣新. 丹江口水库汉江变动回水区分汊河段的演变特点[J]. 人民长江, 1992(2): 14-19.

[44] 谢鉴衡, 李义天. 三峡水库变动回水区泥沙淤积对航运的影响[J]. 水利学报, 1988(7): 19-26.

[45] 长江航道规划设计研究院, 长江重庆航运工程勘察设计院. 长江三峡工程航道泥沙原型观测 2007-2008 年度分析报告[R]. 2008.

第 3 章 梯级水库泥沙淤积特点

我国水电能源建设正在蓬勃发展中，开发水能资源必然需要修建大量水库，大量水库群形成的梯级水库将会在我国各大江大河中出现。全国十二大水电能源基地建设已形成梯级滚动开发的态势[1-5]。对于单个水库的泥沙淤积问题，水利工作者已取得了大量的研究成果，但对梯级水库的泥沙淤积规律则研究得较少。梯级水库群修建以后，除最上一级水库外，各水库进口水沙条件均由上游水库的出口条件决定，水沙特性与单库相比发生了很大的变化[6]。这种变化既包括短时间尺度的径流变化、长时间尺度的泥沙缓慢冲淤，也包括水沙之间的相互耦合作用，水沙变化必然引起水库冲淤形态调整，对防洪、发电、航运等将产生一系列复杂的影响。因此，研究梯级水库修建后的泥沙淤积规律，对保证水库群长期运行和更好地发挥水库群综合效益具有重要意义。本章将在已有水库淤积规律的基础上，研究梯级累积作用下水库泥沙淤积纵、横向变化特点。

3.1 梯级水库水沙条件变化

3.1.1 径流变化

水库兴建以后将改变天然河流的径流过程，其对径流的影响主要与水库容积、水库运用方式、泄洪道特性等有关，而对径流过程的改变，则主要决定于上游水库的运用方式[7]。日调节水库改变河流一天的径流过程，如水库运行白天需要较大的发电水流，而夜晚需要较小的发电水流，从而导致下游日径流过程的改变；季调节水库改变河流一个季节内的径流过程；年调节水库将改变河流一年内的径流过程[6]，从而使随机的水文过程变成人为的水库调度过程。其中年调节水库对年内径流过程的改变如图 3.1 所示。由图可知，年调节水库的调节作用将使汛期流量减小、枯水期流量增加，年内变化幅度减小。其中对汛期流量的调节往往是由于防洪的需要，将大洪水大洪峰削减至下游可以安全行洪的流量。

梯级水库群中，除第一级水库入库径流为天然流量过程外，其余各级水库入库流量过程均由上级水库出库流量过程与区间来流组合而成。与天然情况相比，梯级水库入库径流过程受到上游各级水库累积调节作用的影响，其累积效果则决定于各水库自身特性和梯级间调度方式的差异。图 3.2 给出了溪洛渡、向家坝水库单独运用以及联合运用对下泄流量的改变情况。

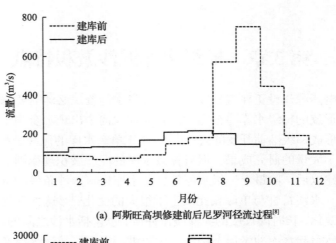

(a) 阿斯旺高坝修建前后尼罗河径流过程[8]

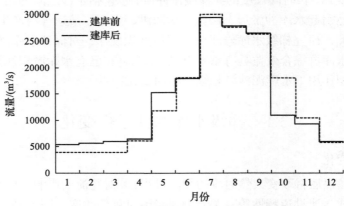

(b) 三峡大坝修建前后下游宜昌站径流过程[7]

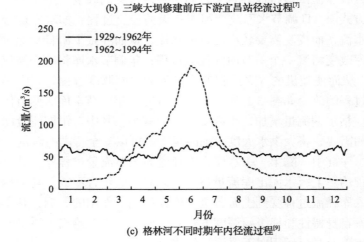

(c) 格林河不同时期年内径流过程[9]

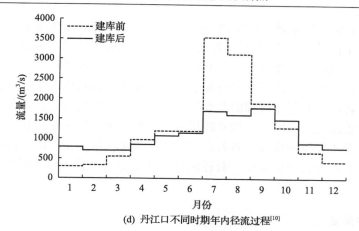

(d) 丹江口不同时期年内径流过程[10]

图 3.1　年调节水库对径流过程的改变

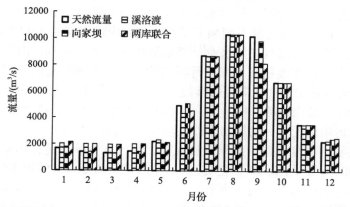

图 3.2　溪洛渡、向家坝梯级水库单独运用以及联合运用对下泄流量的改变图

(1)枯水期 12～4 月，溪洛渡单独运用时，为满足自身发电调度需求流量较天然情况有所增加；向家坝单独运用时流量较天然情况变化不大；由于梯级水库的累加作用，两库联合运用后下泄流量较天然情况增加。

(2)5 月，溪洛渡单独运用时，根据水库调度方式 5 月底必须将坝前水位降低至死水位，因而下泄流量大于天然流量；向家坝单独运用时，根据水库调度图，该水库 5 月份有一个回蓄过程，因而下泄流量小于天然流量；两库联合运用后，对下泄流量改变的趋势及幅度，由两水库对径流的共同调节作用决定。

(3)6 月，溪洛渡单独运用时，由于该月坝前水位需要从死水位升至汛限水位，水库蓄水造成下泄流量减少；向家坝单独运用时，该月月底需要降至汛限水位，因而下泄流量大于入库流量；两库联合运用后，6 月份月均下泄流量减小。

(4)汛期 7、8 月，建库后下泄流量较天然流量变化不大，这与需要调蓄的大洪水较少有关。

(5)汛后 9 月溪洛渡、向家坝均需蓄至正常蓄水位，溪洛渡水库防洪库容为 46.5 亿 m³，向家坝水库防洪库容为 9.03 亿 m³，因而单独运用情况下向家坝水库对 9 月份下泄流量的改变较小，两库联合运用下，下泄流量减小明显。

由此可见，梯级水库对径流过程的改变，取决于各水库对径流过程调节作用的累加，而各水库对径流过程的改变又决定于各自的调度方式。若各级水库汛限水位、正常蓄水位时段或蓄、泄水时机重合，则汛期流量减小、枯水期流量增加的趋势较单个水库得到增强；若各级水库蓄、泄水时段相反，或一级水库蓄、泄水而另一级水库维持水位不变，对径流过程的改变则表现为相互削减或由某一级水库决定。

3.1.2　输沙量变化

水库兴建以后，改变了天然河道的属性，水位抬高、水深增大、流速降低，泥沙不可避免地发生淤积，使得水库出库含沙量和输沙量在水库运行初期急剧减小，如科罗拉多河格伦峡谷坝坝下年均输沙量由建库前的 1.97 亿 t 变为建库后的 0.19 亿 t[11]；汉江丹江口水库[12]蓄水期拦沙率则达 98%。由第 2 章的研究可知，虽然水库出库沙量随水库运行时间的增加是逐渐恢复的，直至水库建立新的平衡，但这种变化往往需要持续数十年甚至上百年。图 3.3 分别给出了三峡水库及金沙江下游白鹤滩、溪洛渡、向家坝水库单独运用时排沙比的变化情况。各水库单独运用情况下，初期出库沙量均在天然情况的 40%以下，随着水库的运行逐渐恢复，恢复快慢由水库自身规模、运行方式等决定；向家坝水库达到初步平衡的时间最早，在 50 年左右，其后排沙比恢复至天然情况下的 90%以上；溪洛渡水库与三峡水库达到初步平衡的时间为 70~80 年；白鹤滩水库出库沙量恢复得更为缓慢，水库运行至 200 年末，出库沙量仍未恢复至天然情况的 80%。由此可见水库对天然河道输沙量的改变是明显而深远的。又如，丹江口水库加高后，成为年调节水库，河道输沙平衡时间可能长达几百年[6]。

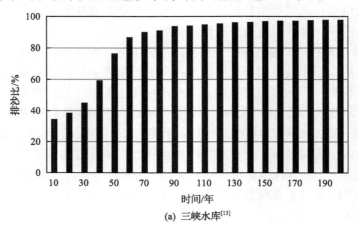

(a) 三峡水库[13]

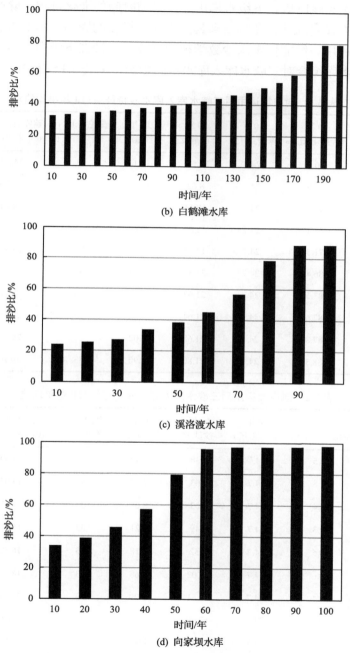

图 3.3　三峡水库及其上游梯级排沙比变化图

梯级水库兴建以后，下级水库出库沙量随时间的变化过程，除受自身水库特性及调度方式制约外，还将受到其上级水库拦沙的影响。本节以金沙江下游梯级为例，利用一维非恒定水沙数学模型计算了金沙江下游白鹤滩、向家坝、溪洛渡梯级水库组合对三峡水库入库水沙的影响，见表 3.1～表 3.4。

表 3.1　向家坝运用后三峡水库入库水沙特征值（10 年平均值）

上游水库运用年限/年	10 年平均排沙比/%	10 年来沙量/亿 t	10 年排沙量/亿 t	10 年拦沙量/亿 t	朱沱站 10 年来沙量/亿 t	建库后朱沱站10 年来沙量/亿 t	占原来比例/%
1～10	30.6	24.7	7.57	17.13	33	15.87	48.09
11～20	34.9	24.7	8.62	16.08	33	16.92	51.27
21～30	41.0	24.7	10.14	14.56	33	18.44	55.88
31～40	51.4	24.7	12.70	12.00	33	21.00	63.64
41～50	71.5	24.7	17.65	7.05	33	25.95	78.64
51～60	86.4	24.7	21.33	3.37	33	29.63	89.79
61～70	87.5	24.7	21.62	3.08	33	29.92	90.67
71～80	87.6	24.7	21.64	3.06	33	29.94	90.73
81～90	87.8	24.7	21.68	3.02	33	29.98	90.85
91～100	88.3	24.7	21.80	2.90	33	30.10	91.21

表 3.2　溪洛渡运用后三峡水库入库水沙特征值（10 年平均值）

上游水库运用年限/年	10 年平均排沙比/%	10 年来沙量/亿 t	10 年排沙量/亿 t	10 年拦沙量/亿 t	朱沱站 10 年来沙量/亿 t	建库后朱沱站10 年来沙量/亿 t	占原来比例/%
1～10	21.5	24.7	5.30	19.40	33	13.60	41.21
11～20	22.8	24.7	5.63	19.07	33	13.93	42.21
21～30	24.4	24.7	6.03	18.67	33	14.33	43.42
31～40	30.3	24.7	7.49	17.21	33	15.79	47.85
41～50	34.5	24.7	8.52	16.18	33	16.82	50.97
51～60	40.6	24.7	10.02	14.68	33	18.32	55.52
61～70	51.1	24.7	12.61	12.09	33	20.91	63.36
71～80	70.8	24.7	17.49	7.21	33	25.79	78.15
81～90	79.9	24.7	19.74	4.96	33	28.04	84.97
91～100	79.5	24.7	19.63	5.07	33	27.93	84.64

表 3.3　溪洛渡、向家坝联合运用后三峡水库入库水沙特征值（10 年平均值）

上游水库运用年限/年	两库 10 年平均排沙比/%	两库 10 年来沙量/亿 t	两库 10 年排沙量/亿 t	两库 10 年拦沙量/亿 t	朱沱站 10 年来沙量/亿 t	建库后朱沱站 10 年来沙量/亿 t	占原来比例/%
1～10	15.8	24.7	3.90	20.80	33	12.20	36.97
11～20	16.3	24.7	4.01	20.69	33	12.31	37.30
21～30	16.7	24.7	4.11	20.59	33	12.41	37.61
31～40	17.2	24.7	4.26	20.44	33	12.56	38.06
41～50	17.8	24.7	4.39	20.31	33	12.69	38.45
51～60	18.5	24.7	4.58	20.12	33	12.88	39.03
61～70	19.7	24.7	4.88	19.82	33	13.18	39.94
71～80	22.5	24.7	5.55	19.15	33	13.85	41.97
81～90	30.8	24.7	7.60	17.10	33	15.90	48.18
91～100	55.2	24.7	13.63	11.07	33	21.93	66.45

表 3.4　考虑白鹤滩后三库联合运用后三峡水库入库水沙特征值（10 年平均值）

上游水库运用年限/年	三库 10 年平均排沙比/%	三库 10 年来沙量/亿 t	三库 10 年排沙量/亿 t	三库 10 年拦沙量/亿 t	朱沱站 10 年来沙量/亿 t	建库后朱沱站 10 年来沙量/亿 t	占原来比例/%
1～10	6.7	24.7	1.65	23.05	33	9.95	30.15
11～20	7.0	24.7	1.73	22.97	33	10.03	30.39
21～30	7.2	24.7	1.79	22.91	33	10.09	30.58
31～40	7.6	24.7	1.87	22.83	33	10.17	30.82
41～50	7.8	24.7	1.94	22.76	33	10.24	31.03
51～60	8.1	24.7	2.00	22.70	33	10.30	31.21
61～70	8.4	24.7	2.07	22.63	33	10.37	31.42
71～80	8.6	24.7	2.13	22.57	33	10.43	31.61
81～90	9.0	24.7	2.22	22.48	33	10.52	31.88
91～100	9.4	24.7	2.32	22.38	33	10.62	32.18

（1）向家坝单独运用前 10 年，拦截在库内的沙量为 17.13 亿 t，朱沱站输沙量较天然情况减少 51.91%；向家坝水库单独运行 30 年，向家坝 10 年出库沙量增加到 10.14 亿 t，相当于朱沱站 10 年输沙量减少 14.56 亿 t；向家坝单独运行至第 50 年，朱沱站输沙量相当于天然情况下的 78.64%。

（2）溪洛渡单独运行拦沙作用较向家坝水库更为明显，其单独运行前 10 年，平均排沙比 21.5%，拦截泥沙 19.40 亿 t，相当于朱沱站输沙量较天然情况减少 58.79%；溪洛渡单独运行 50 年，排沙比达到 34.5%，朱沱站输沙量恢复至天然情况下的一半左右；溪洛渡水库运行至第 100 年，朱沱站输沙量恢复至天然情况下的 84.64%。

(3)而溪洛渡、向家坝联合运用下，最初 10 年拦沙 20.80 亿 t，使得朱沱站输沙量较天然情况下减少 63.03%；联合运行 90 年，朱沱站的输沙量尚未恢复至天然情况下的一半。

(4)若再考虑白鹤滩水库的拦沙作用，则对三峡水库入库沙量的减少作用更为明显，且影响时间更长，上游梯级水库运行 100 年，朱沱站输沙量仍仅为天然情况的 32.18%。

由此可见，梯级水库群对输沙量的改变，在空间上表现为累加性，在时间上则表现为渐变性。图 3.4 为白鹤滩、溪洛渡、向家坝水库单独或组合运用条件下朱沱站输沙量的恢复过程。

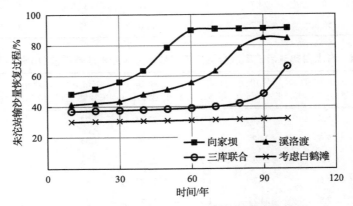

图 3.4　梯级累积作用下朱沱站输沙量恢复过程图

(1)上游梯级越多，拦沙作用越明显，输沙量恢复的过程也就越慢。

(2)对于水库运行初期而言，上游梯级的增多而引起的沙量减少作用是逐渐减弱的。溪洛渡单独运行初期，朱沱站输沙量为天然情况下的 41.21%，考虑了向家坝后，朱沱站输沙量减少为天然情况下的 36.97%，减少不到 5 个百分点，若再考虑白鹤滩的影响，初期朱沱站的输沙量也仅减少为天然情况的 30.14%。实际上，从减小幅度来看，在初期，梯级水库增多后的拦沙能力相对于单个水库的拦沙能力减少得并不明显。这是由于上级水库初期出库多为细颗粒泥沙，沙量已经大幅度减少，进入下一级水库的水沙过程超饱和程度较天然情况减弱，淤积强度降低，出库沙量较入库沙量改变得较小。

(3)虽然在水库群运行初期，上游梯级的增多引起沙量减少的幅度较小，但随着水库运行时间的增加，这种差异将逐渐显现，表现为上游梯级越多，同一时期对沙量的改变作用越明显，输沙量恢复过程也就越慢。

（4）沙量恢复过程随着梯级水库的增加而更加缓慢，但随着各水库逐步达到初步平衡状态，输沙量也将逐渐恢复到接近天然情况的水平，当然这种恢复过程将会持续很久，如联合考虑白鹤滩、溪洛渡、向家坝三库的影响，朱沱站输沙量在水库群运行 100 年末仍仅为天然情况的 32%。

3.1.3　粒径变化

水库的兴建不仅使大量泥沙拦蓄在库内，对不同粒径泥沙的排沙能力也不相同，从而改变了出库泥沙的级配组成。由第 2 章有关研究可知，对于推移质和粗颗粒泥沙，在水库运行初期几乎全部拦截在库内；对于细颗粒泥沙，由于水库蓄水后改变了水流运动特点，水深流缓，天然情况下属于冲泄质的那部分泥沙在建库后转变为悬移质，粒径越细，能够出库的泥沙就越多。

随着水库运行时间的增加，出库级配也将有一个逐渐恢复的过程。以龚嘴水库为例[14-18]，在水库运行初期入库悬沙中值粒径 d_{50} 为 0.0588mm，出库后只有 0.0123mm；水库运行至设计运用年限以后，其排沙比达到 94.5%，出库悬沙中值粒径 d_{50} 则达到 0.0435mm。

梯级水库对级配的改变仍将表现为在空间上是逐渐累加的，在时间上则是渐变的，累加作用将使级配恢复的速度更为缓慢。图 3.5 给出了溪洛渡单独运用与溪洛渡、向家坝联合运用条件下出库级配变化情况。以第 10 年为例，运行相同时间，溪洛渡与向家坝水库联合运用条件下向家坝水库出库级配较溪洛渡水库单独运用明显偏细，梯级水库对级配的改变趋势与单个水库相一致，但改变的程度由于梯级水库的累加作用而更加明显；溪洛渡、向家坝水库联合运用条件下，出库级配随水库运行时间的延长呈逐渐恢复的趋势，但恢复速度较溪洛渡水库单独运用偏缓。由此可见，梯级水库中，上游梯级越多，出库级配越细，级配恢复的速度也就越慢。

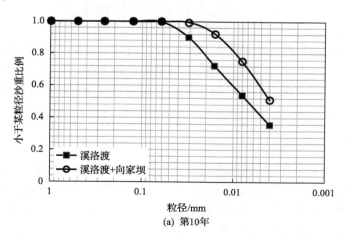

(a) 第10年

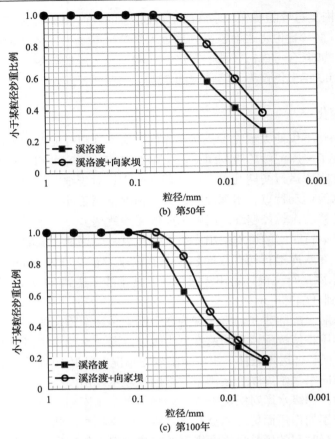

(b) 第50年

(c) 第100年

图 3.5　梯级水库对粒径变化的影响

3.2　梯级水库泥沙冲淤特点

　　梯级水库群的兴建,除最上一级水库外,改变了各级水库的入库水沙过程,这种改变在时间上是渐变的,在空间上则是逐渐累加的。对于某一级水库而言,水沙条件的变化将可能导致泥沙淤积量、淤积形态及淤积过程较水库单独运用表现出不同的特点。

3.2.1　淤积量与淤积过程

　　对于梯级水库群中某一级水库而言,受上级水库拦沙的影响,入库沙量与级配均较天然情况将经过一个由初期急剧减小,到较长时间逐渐缓慢恢复的过程。入库沙量减少与级配变细,将引起水库淤积发展速度减缓,同期淤积量减少,这与天然情况下水沙条件变化(来沙量减少、级配变细)后的水库泥沙淤积特点相一致。

　　图3.6与图3.7分别给出了白鹤滩建库后对溪洛渡水库及溪洛渡建库后对向家坝水库泥沙淤积的影响。天然情况下溪洛渡水库与向家坝水库分别在第70年与第50年达到初步淤积平衡状态，上级水库兴建以后，来沙量减少且级配变细，从而造成水库初期淤积强度减小，淤积发展速度放缓，达到初步平衡的时间大大推迟。上游建库后水库的淤积发展速度除取决于水库自身特性外，还决定于上级水库的淤积发展速度，即上级水库出库沙量的恢复程度。由3.1.2节的研究可知，白鹤滩水库达到平衡的时间超过200年，因而其出库沙量恢复速度很慢，运行至第170年出库沙量仅恢复至天然情况的70%，从而造成其下游溪洛渡水库在白鹤滩建库后淤积发展速度大大减缓，直至第160年淤积三角洲才到达坝前，但此时由于上游白鹤滩水库出库沙量仍在逐渐恢复中，因此溪洛渡三角洲到达坝前后淤积并没有明显放缓，淤积量增加幅度仍较为明显。值得指出的是，上级水库的兴建使得下级水库淤积发展速度明显放缓，初期淤积量减小，但随着上级水库逐渐达到平衡、排沙比逐渐增大，其淤积量终将向天然情况下逐渐靠拢，甚至会超过天然情况，只不过这个过程往往需要数百年的时间。

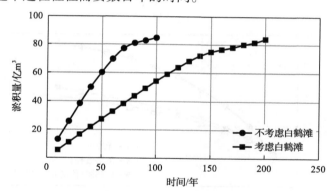

图 3.6　白鹤滩建库对溪洛渡水库泥沙淤积的影响

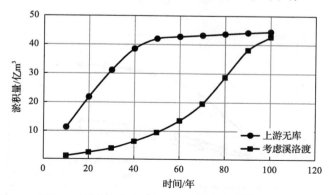

图 3.7　溪洛渡建库对向家坝水库泥沙淤积的影响

　　除淤积发展速度减缓外，下级水库由于入库沙量减少、级配变细，库区不同部位的淤积发展规律也不尽相同。上游溪洛渡、向家坝兴建以后，三峡水库除同期淤积量减少、淤积发展速度减缓外，由于来沙量减少且级配变细，同等条件下泥沙更容易输往坝前，从而造成变动回水区淤积量减小得更为明显，其中寸滩以上河段长时期呈冲刷状态，直至第 100 年末仍未转冲为淤，见图 3.8（e）。

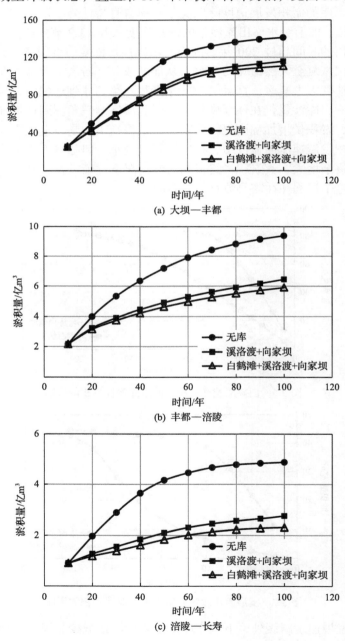

(a) 大坝—丰都

(b) 丰都—涪陵

(c) 涪陵—长寿

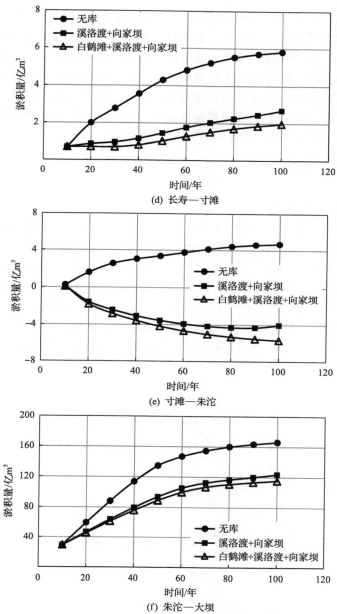

图 3.8　上级水库兴建对三峡水库分段淤积过程的影响

　　在梯级累积作用下，上游梯级越多，拦沙效果越显著，含沙量与级配的恢复速度越慢，因而泥沙淤积强度越低、淤积发展速度越缓慢。但在水库运行初期的一定时期内，梯级的累积影响效果呈逐渐衰减的趋势。仍以三峡水库为例，在上游溪洛渡、向家坝的基础上，若再考虑白鹤滩建库的影响，由数学模型计算结果可知，虽然白鹤滩水库拦沙作用很大，但在相当长的一段时间内是否考虑白鹤滩对三峡水库泥沙淤积总量的影响并不明显，随着水库运行时间的延长，差异才逐渐显现。这一特点与梯级对输沙量减小的累积作用是相一致的，在水库群运行初期，在上游溪洛渡、向家坝水库的基础上是否考虑白鹤滩对朱沱站输沙量变化的影响并不显著，因而三峡水库淤积量差异也较小。由此可见，虽然上级水库兴建对下级水库淤积量减少、淤积发展速度减缓影响明显，但不能过分估计上游梯级对下游某一级水库的减淤作用，尤其是在蓄水初期。

3.2.2　淤积形态变化

1. 纵剖面变化过程

水库的修建，破坏了河道与来水来沙的相对平衡状态，使河道的侵蚀基面发生较大变化。由于河流自身的平衡趋向性，库区河道将发生激烈的冲淤，河道演变的结果将是在新的侵蚀基面下达到新的平衡。水库淤积过程实际上是通过随时间不断变化的淤积形态表现出来的，水库淤积形态是水库泥沙运动（包括冲淤）的结果。而水库的来水来沙、坝前水位的变化、地形条件等又决定了泥沙的运动，因而也决定了水库淤积形态[19]。大量的实测资料表明，水库淤积的纵向形态主要有三种形式：三角洲淤积、锥体淤积、带状淤积[20]，它们的纵剖面形态如图 3.9 所示。

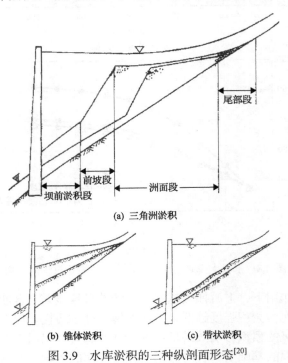

(a) 三角洲淤积

(b) 锥体淤积　　　　　(c) 带状淤积

图 3.9　水库淤积的三种纵剖面形态[20]

　　在三种典型的纵向淤积形态中，三角洲淤积是最普遍的一种，也是水库在淤积过程中的一种基本趋向，一般大型水库的淤积都为三角洲淤积[21,22]。数学模型计算结果表明，三峡水库及其上游几个梯级均为典型的三角洲淤积形态，见图 3.10。

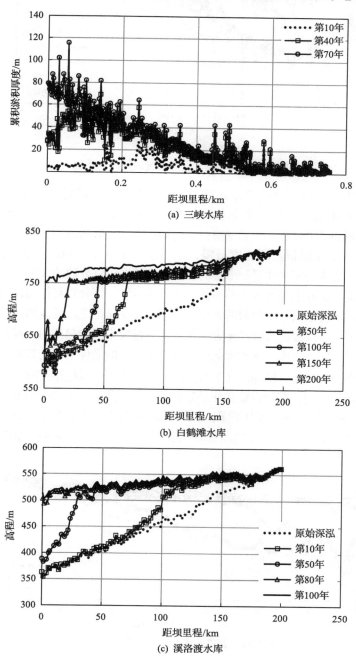

(a) 三峡水库

(b) 白鹤滩水库

(c) 溪洛渡水库

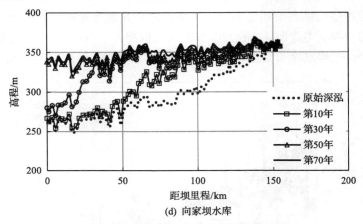

(d) 向家坝水库

图 3.10　三峡及其上游梯级纵剖面变化图

由于各水库水沙条件、坝前壅水高度、水位变幅等自身特性的差异，三角洲淤积发展速度也不相同，如在不考虑上级水库兴建的条件下三峡水库与溪洛渡水库三角洲到达坝前的时间均为 70 年左右，向家坝水库三角洲到达坝前的时间仅为 50 年，而白鹤滩水库淤积发展速度最慢，运行至第 180 年三角洲洲头才到达坝前。

韩其为[23]认为决定水库淤积形态的主要因素是淤积百分数的大小、坝前水位的高低和变化幅度。实际上坝前水位的高低主要是通过淤积百分数起作用，因此决定水库淤积形态的因素就是淤积百分数的大小与坝前水位变化幅度。其他的因素，如流量变幅、水库地形、来沙级配及含沙量大小等或者通过决定因素起作用，或者加强和削弱决定因素。对于同一水库，在水库运行规则变化不大的条件下，随着淤积的发展可能产生淤积体形态的转化。例如，在某些少沙河流，当泥沙级配很细时，明显的三角洲形成需要一定的时间，在此以前往往是带状外形。因此，这类水库的淤积发展要经过带状淤积—三角洲淤积—锥体淤积。以龚嘴水库为例(图 3.11)，该水库自 1971 年蓄水以来，直至 1973 年 11 月仍属带状淤积，从 1974 年以后才有三角洲淤积雏形。

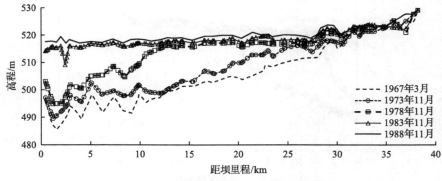

图 3.11　龚嘴水库纵向淤积发展过程[24]

　　梯级水库兴建以后，其中某一级水库的入库沙量将经历由初期的急剧减小、级配变细，到含沙量与级配缓慢恢复的过程。与水库单独运用相比，虽然调度运行规则变化不大，但由于入库沙量随时间逐渐变化，其纵剖面变化将表现为两种情况。

　　一种情况为上游建库以后水库三角洲淤积形态并未发生变化，但由于初期入库沙量减少、级配变细，泥沙淤积强度降低，三角洲推进速度明显减缓。白鹤滩建库后溪洛渡水库纵剖面变化就属于这种情况，见图 3.12。

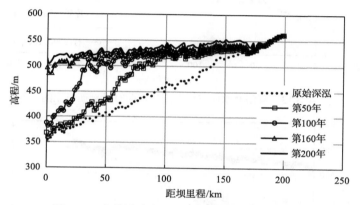

图 3.12　白鹤滩建库后溪洛渡水库纵剖面变化图

　　(1) 天然情况下，溪洛渡水库为典型的三角洲淤积形态[图 3.10(c)]，单独运行约 70 年三角洲到达坝前，水库转为锥体淤积，达到初步淤积平衡状态。

　　(2) 考虑上游白鹤滩建库的影响后，溪洛渡水库三角洲淤积的形态并没有发生变化，但淤积速度明显减缓，直至水库运行至第 160 年三角洲才到达坝前，转为锥体淤积。

　　(3) 除淤积速度的差别外，由于此时上游白鹤滩水库刚刚接近初步平衡，输沙量尚未恢复至天然情况的 70%，出库级配较天然情况仍然偏细，因而上游建库后溪洛渡水库三角洲到达坝前时较上游无库条件下三角洲到达坝前时的洲面高程普遍偏低，尤其是在变动回水区河段(图 3.13)。

　　(4) 随着上游白鹤滩水库达到初步平衡时间的增长，出库沙量及级配进一步恢复，上游建库条件下溪洛渡水库三角洲到达坝前以后洲面淤积并未明显放缓，尤其是在变动回水区仍保持一定的淤积速度，一段时间后，水库淤积纵剖面高程将接近甚至超过上游无库情况下的纵剖面高程(图 3.14)。

　　另一种情况为上游建库以后由于初期入库沙量减少、级配变细，在水库运行初始阶段无法形成明显的三角洲淤积形态，因而在水库运行初期以带状淤积为主，随着上级水库出库沙量的增加，水库自身不断淤积发展，逐渐转为三角洲淤积形态，并最终经历带状淤积—三角洲淤积—锥体淤积的变化过程。考虑上游溪洛渡水库建库后的向家坝水库即为这种情况。

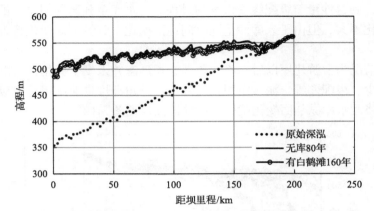

图 3.13　溪洛渡水库三角洲到达坝前时纵剖面对比图

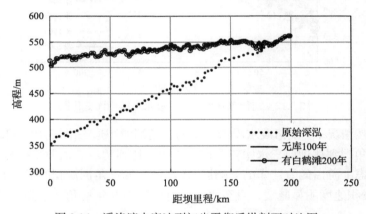

图 3.14　溪洛渡水库达到初步平衡后纵剖面对比图

（1）天然情况下该水库为典型的三角洲淤积[图 3.10（d）]，三角洲洲头到达坝前的时间为第 50 年左右，其后转为锥体淤积。

（2）上游建库后，在水库运行初始阶段，水库并未呈现出明显的三角洲淤积趋势，而是以带状淤积为主，水库上段未发生明显的累积性淤积[图 3.15（a）]；随着水库运行时间的增长及上级水库出库沙量的恢复，开始显现出三角洲淤积的趋势，直至第 100 年三角洲洲头才到达坝前，转为锥体淤积[图 3.15（b）]。

与单个水库相比，考虑上游建库后水库运行方式并未发生变化，区别仅在于入库水沙过程的改变。水库淤积形态是泥沙运动的结果，含沙量减少、级配变细，将引起泥沙淤积强度与淤积部位发生变化。前面已经提到，在水库单独运行条件下，决定水库淤积形态的因素就是淤积百分数的大小与坝前水位变化幅度。图 3.16 与图 3.17 分别给出了上游建库对溪洛渡、向家坝水库排沙比的影响。可知，对应上游建库后水库淤积纵剖面变化的两种不同情况，上游建库后水库排沙比也表现出两种不同的特点。

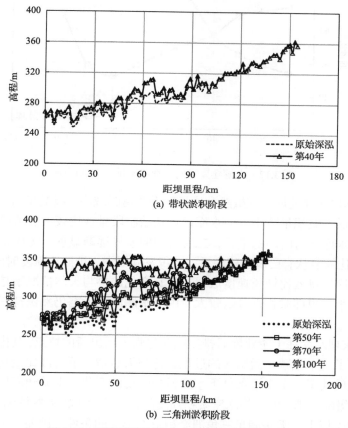

(a) 带状淤积阶段

(b) 三角洲淤积阶段

图 3.15　溪洛渡建库后向家坝水库纵剖面变化图

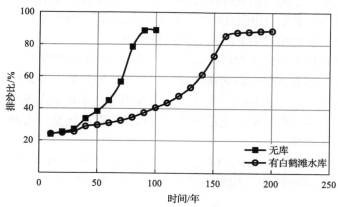

图 3.16　上游建库对溪洛渡水库排沙比的影响

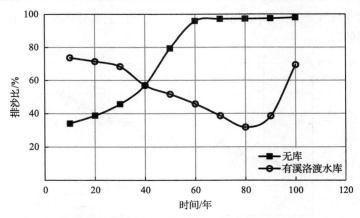

图 3.17　上游建库对向家坝水库排沙比的影响

　　(1)考虑白鹤滩建库后,虽然含沙量较天然情况减小、级配变细,溪洛渡水库淤积强度降低,淤积量减小,但水库运行初始阶段排沙比较天然情况下变化并不明显;随着水库运行时间的增长,二者之间的差异逐渐显现,无库条件下淤积强度大,排沙比恢复快;白鹤滩建库后,淤积发展缓慢,排沙比恢复时间大为延长;虽然上游建库后排沙比增长速度放缓,但其变化趋势与天然情况下是一致的,由于排沙比较小,也即淤积百分数较大,因而水库淤积形态仍然保持三角洲淤积的形态。

　　(2)向家坝水库在上游建库后排沙比变化则表现出新的特点,其排沙比随时间的变化经历了一个先减小后增大的过程,这与天然情况下排沙比变化特点截然不同;排沙比反映了一定水沙条件下水库淤积强度的变化,上游建库后,由于入库沙量减少、级配变细,向家坝水库淤积强度降低,排沙比较天然情况下明显增大,可以达到70%以上,无法满足三角洲淤积形态形成的条件,因而呈现出带状淤积的形态;其后随着上游溪洛渡排沙比逐渐增大,进库沙量逐渐增多,向家坝水库排沙比逐渐减小,水库淤积强度增大,直至第50年后,排沙比降到50%以下,向家坝水库才开始表现出较明显的三角洲淤积趋势。

　　在梯级累积作用下,上游梯级越多,对来沙过程的改变越明显,水库淤积三角洲发展速度就越慢或形态转化所需时间就越长,但其形态变化仍决定于排沙比的大小。图3.18给出了白鹤滩、溪洛渡联合作用下向家坝水库纵剖面变化图,相较仅考虑上游溪洛渡的影响,无论是带状淤积持续时间还是三角洲洲头到达坝前的时间均进一步延长。

　　(1)上游两库联合运用下,向家坝水库运行直至第100年仍呈带状淤积形态;100年后才逐渐转为三角洲淤积形态,三角洲洲头到达坝前的时间则推迟到180年。

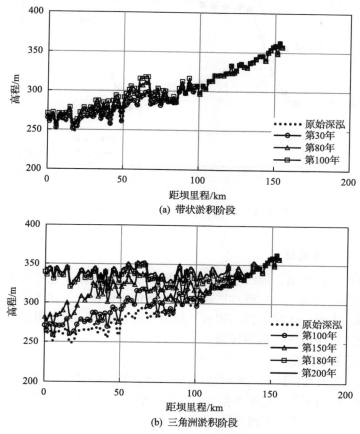

图 3.18 白鹤滩、溪洛渡联合作用下向家坝纵剖面变化图

(2) 上游建库条件下三角洲到达坝前时洲顶高程较无库条件下普遍偏低,尤其是在水库上段,但此时水库淤积仍保持一定的强度。

(3) 不同形态间的变化仍决定于排沙比,也即淤积百分数的大小(图 3.19),直至排沙比在第 100 年后降至 50%以下,水库淤积形态才由带状淤积逐渐转为三角洲淤积;可以认为对于向家坝水库而言,当排沙比在 50%以下时,才满足三角洲出现的条件。

综上所述,对于梯级水库群中调度运行规则基本固定的某一级水库,排沙比作为决定水库淤积形态的主要因素,其反映的是特定水沙条件与调度方式组合下泥沙运动的特性,无论是在梯级水库中淤积形态仍然保持三角洲淤积还是在初期出现带状淤积,在本质上与单个水库纵向淤积形态变化是相一致的,均遵循"水库中悬移质淤积形态是水库悬移质运动规律——不平衡输沙规律"。

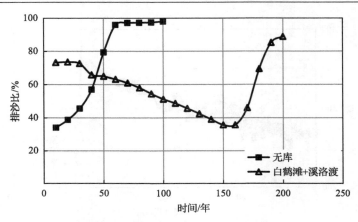

图 3.19　考虑白鹤滩水库后向家坝排沙比

2. 平衡纵剖面变化

前述研究已经指出，梯级水库兴建以后，水库纵剖面变化将经历由淤积强度降低、淤积速度减缓、三角洲推进速度较天然情况变慢—三角洲推进到坝前，但三角洲洲顶，尤其是水库上段高程较天然情况普遍偏低—水库纵剖面接近甚至超过天然情况下的纵剖面高程的过程。

不仅溪洛渡水库如此，向家坝水库在考虑上游建库后，其纵剖面变化也表现出了上述特点，与天然情况下三角洲刚到达坝前时的纵剖面相比，在上游建库条件下纵剖面在近坝段与天然情况基本重合，但在水库上段则明显较低[图 3.20（a）]；三角洲到达坝前后，天然情况下洲面抬高不大，但在上游建库条件下由于入库含沙量逐渐恢复，在水库上段仍保持一定的淤积强度，因而洲面抬高较快，最终将达到甚至超过该水库单独运行时的纵剖面[图 3.20（b）]。

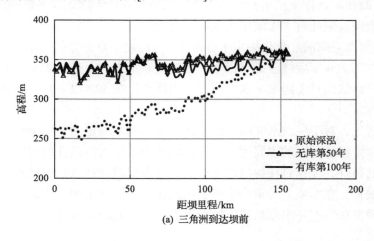

(a) 三角洲到达坝前

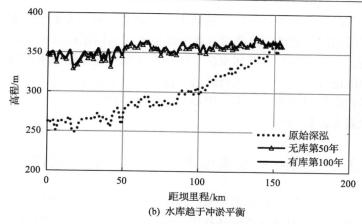

(b) 水库趋于冲淤平衡

图 3.20　考虑溪洛渡建库后向家坝水库纵剖面变化

　　由此可知，考虑上游建库后，下级水库虽然在相当长的时间内淤积发展速度减缓，淤积量减少，但在进入悬移质平衡阶段后(这一阶段往往持续很长时间[23])，水库淤积总量可能将超过天然条件下单个水库淤积总量。造成这一现象的原因，则与来水来沙条件的年内分配有关。

　　具有防洪任务的水库进入淤积初步平衡后，由于坝前水位变化，年内不同时期有一定的冲淤变化。可将水库的运用在一个水文年内大体分为四个阶段[23]：坝前水位下降期，从当年最高蓄水位下降至死水位(或防洪限制水位)；汛期(排沙期)，坝前水位处于防洪限制水位；坝前水位上升期，上升至正常蓄水位；蓄水期，坝前水位稳定在最高蓄水位附近(或正常蓄水位)。后面两个阶段可以合并统称为蓄水期。甘富万[7]认为，在水库运行初期各个阶段出库沙量均小于天然情况；水库达到初步平衡之后，梯级水库中下级水库进口的年内来沙分配将更加集中于汛期的大水期，而其他时期含沙量都大体表现为减小。

　　根据第 2 章提到的水库淤积平衡纵比降计算公式[式(2-8)]可知，由于来沙更为集中在排沙期，汛期需要输走的沙量增多，且由于汛期流量被调平，总流量也有一定程度的减小，造床流量也有所减小，其综合结果就是水库淤积平衡纵比降有所增大。

　　在接近平衡的情况下具体来看，对于单个水库，在常年回水区横断面淤积初期多表现为全断面普遍淤积，三角洲推进到本断面后，过水面积大大减少，水深也相应减小，此后的淤积表现为断面的滩槽调整，主槽淤积已不明显甚至略有冲刷，滩地逐渐淤高，断面向高滩深槽方向发展[25]。考虑上级水库兴建以后，汛期来水被调平，来沙更集中于大水期，因而主槽冲刷能力较天然情况减弱，主槽淤积有所增多，因而在常年回水区河段深泓高程较天然情况下将有所增加。

　　在变动回水区河段，通过对单个水库典型河段的研究可知，淤积往往由洪水期主流位置移动，在其一侧或两侧产生回流或缓流，从而造成淤积，主要以滩地淤积为主。考虑上游梯级修建后,汛期来水被调平,来沙更集中于大水期,因而汛期淤积强度增加,泥沙更易落淤,在变动回水区河段淤积量也是增加的。

综上所述,无论是在变动回水区,还是常年回水区,随着水库达到初步平衡后运行时间的增长,其淤积量均将超过天然条件下单个水库运行的情况,水库最终的平衡纵比降较单个水库增大,因而总淤积量将超过单库运行的结果,但这一现象的出现需要较长的时间。

3.3　变动回水区典型河段演变与航道条件变化

梯级水库兴建以后,在接近平衡的情况下,变动回水区淤积量可能会超过单个水库运行的结果,但这一情况往往需要数百年才能实现。上游梯级越多,水库达到最终平衡的时间就越久。对于变动回水区有通航任务的水库而言,典型河段淤积发展过程中航道条件的变化过程更为重要。本书将利用二维水沙数学模型,以青岩子河段为例,研究上游梯级修建后对下级水库变动回水区典型泥沙冲淤、河床演变及航道条件的影响。

3.3.1　淤积量与淤积部位

采用 90 系列水沙条件,分别计算考虑上游建库(以下简称 90 建库)和不考虑上游建库(以下简称 90 无库)情况下青岩子河段淤积的发展变化,90 建库即在三峡水库运用 10 年后开始考虑溪洛渡、向家坝水库拦沙的影响。

(1)如图 3.21 和图 3.22 所示,2014 年由于上游向家坝与溪洛渡水库兴建后将发挥显著的拦沙作用,三峡水库入库沙量减少、级配变细,青岩子河段无论是沙湾、麻雀堆和燕尾碛三个主要的淤沙区(以下简称三淤沙区)淤积量还是河段总淤

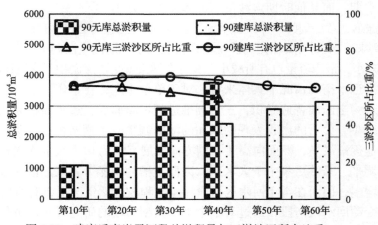

图 3.21　建库后青岩子河段总淤积量与三淤沙区所占比重

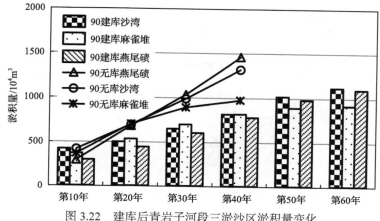

图 3.22　建库后青岩子河段三淤沙区淤积量变化

积量，均较同期无库条件下大大减少，如水库运行第 30 年，与无库情况相比河段总淤积量减少了 41.5%，沙湾、麻雀堆和燕尾碛的淤积量仅为同期无库情况的65.7%、78.2%、58.1%。

（2）虽然泥沙淤积量大幅减少，但主要淤积部位并未发生变化，仍集中在三淤沙区，90 建库条件下由于入库沙量减少，相对于三淤沙区而言，其余河段淤积量减小得更为明显，因而三淤沙区淤积量占河段总淤积量的比重较无库条件下增加。

（3）上游建库后淤积量较无库条件下减小，将直接影响本河段冲淤发展速度。

3.3.2　河型转化与河势调整

考虑上游建库的影响后，虽然来沙量减少，河段淤积强度减弱，淤积量减少，但河段水动力条件较无库条件并未发生明显变化。上游建库后汛期主流趋直，金川碛右汊及燕尾碛左侧深槽仍处于回流缓流区，因而淤积部位与三峡水库单独运行时相比并未发生变化，区别仅在于落淤的沙量随入库沙量的减少而减少。河段淤积部位不变、淤积强度降低，从而引起河段演变趋势与单库运行时一致，但淤积发展速度明显减缓。

图 3.23 给出了考虑上游梯级水库兴建后，青岩子河段等高线变化图。如图所示，受三淤沙区累积性淤积的影响，河段淤积发展趋势表现为沙湾淤沙区淤积范围向金川碛发展；麻雀堆淤沙区向下延伸，并逐渐与茶壶碛边滩相连；燕尾碛边滩逐渐淤长，这与无库条件下河段淤积发展趋势保持一致。

由于自 2014 年起开始考虑溪洛渡、向家坝梯级的影响，因而水库运行前 10 年淤积情况与 90 无库条件下相同。随着水库运行时间的增加，泥沙淤积范围逐渐扩大，淤积厚度逐渐增加，但 90 建库条件下淤积发展速度较水库单独运行明显减缓。金川碛河段，水库运行至第 50 年，右汊河底淤高，高程绝大部分在 140m 以

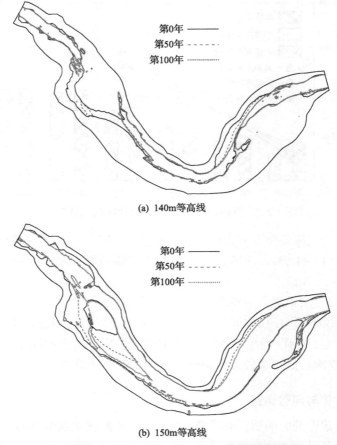

(a) 140m等高线

(b) 150m等高线

图 3.23　上游建库条件下青岩子河段等高线变化图

上，但 150m 等高线以下河道仍贯通右汊，且最窄处也超过 200m；而 90 无库条件下，金川碛右汊 150m 等高线第 40 年已不能贯通右汊，至第 60 年河型转化已基本完成，150m 等高线已与右岸连成一个整体大边滩。牛屎碛河段，水库运行至第 50 年，燕尾碛边滩 140m 等高线以下仍有一个较窄河槽可以过流，而 90 无库条件下，此时 140m 等高线已不能贯通深槽。

　　直至三峡水库运行至第 100 年，上游梯级兴建条件下该河段河型转化才基本完成，150m 等高线自金川碛左汊至茶壶碛连成整体大边滩，流量在 10000m³/s 以下时右汊断流，上游来流绕过磨盘滩头转入金川碛左汊，出左汊口门逐渐向右岸过渡进入蔺市弯道，形成单一、归顺、微弯的新河型，完成河型转化；蔺市弯道以下放宽段，原左侧深槽形成大边滩，弯道曲率半径增加，河势趋向顺直，水流走原洪水流路沿牛屎碛碛面而下。

　　综上所述，梯级水库兴建以后，并未改变变动回水区典型河段的水动力条件，区别仅在于淤积强度降低和淤积发展速度减缓，河型转化与河势调整的趋势并未发生变化，随着水库运行时间的增加，上级水库出库沙量逐渐恢复至天然水平，直至河型转化与河势调整完成。

3.3.3 主、支汊易位与航道条件变化

梯级水库兴建以后，与三峡水库单独运行相比，青岩子河段河型转化和河势调整的趋势并未发生变化。与三峡水库单独运行时相同，金川碛右汊泥沙大量落淤，不断淤塞河槽，造成河槽右移缩窄，引起右汊分流比逐渐减小、水流动力轴线左移，进而发生主、支汊的易位；主、支汊地位转化、水流动力轴线改走左汊进一步加剧了金川碛右汊衰减，进而发生航槽易位，直至河型转化完成。由于梯级水库兴建后淤积发展速度减缓，主支汊易位与航槽易位出现的时间大大推迟。

图 3.24 给出了上游建库条件下金川碛右汊分流比变化情况。

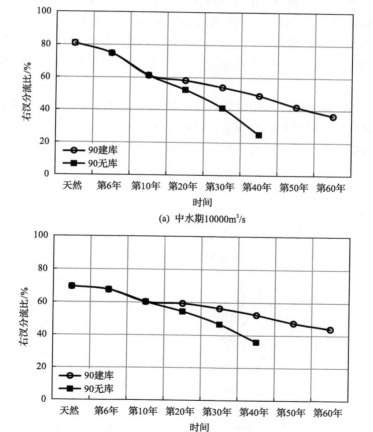

(a) 中水期10000m³/s

(b) 洪水期30000m³/s

图 3.24 梯级水库兴建后金川碛右汊分流比变化图

（1）水库运行至第 30 年，90 建库条件下中水期右汊分流比降为 54.1%，洪水期为 56.5%，右汊分流比仍大于左汊；而相应同期 90 无库条件下右汊分流比则分别 41.2%、46.7%，此时右汊中水期过流量已少于左汊，分流地位发生变化。

（2）梯级水库运行至第 40 年，90 建库条件下左、右两汊分流地位才发生变化，中水期右汊分流比降为 49%，而洪水期左汊分流量超过右汊则发生在第 50 年左右；随着泥沙淤积进一步加剧，河型转化逐渐发生，中水期右汊分流比减小的速度加快。

（3）由此可见 90 建库条件下，主支汊易位发生的时间较 90 无库推迟约 20 年。

伴随着河段淤积发展变化与主、支汊易位的发生，航槽也逐渐由右汊移至左汊，即发生航槽易位。图 3.25 给出了 90 建库条件下运行至第 48 年消落期不利时段青岩子河段 3.5m 等深线图。由图可知，至第 48 年金川碛右汊依然满足通航条件，3.5m 等深线最窄处为 210m。随着水库运行时间的延长，右汊继续淤积，分流量进一步减小，至第 54 年，金川碛右汊入口处 3.5m 等深线宽度不足 100m，航槽需移至左汊，而左汊下段坡陡流急，不利于通航，如图 3.26 所示。

综上所述，梯级水库兴建以后，与三峡水库单独运行相同，青岩子河段均将出现主支汊易位与航槽易位的现象，但在梯级水库条件下主支汊易位与航槽易位出现的时间被大大推迟，碍航不利时段的出现也随之推迟。

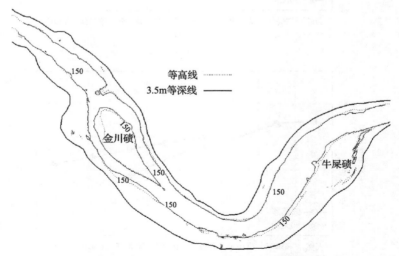

图 3.25　青岩子河段运行至第 48 年 3.5m 等深线图（单位：m）

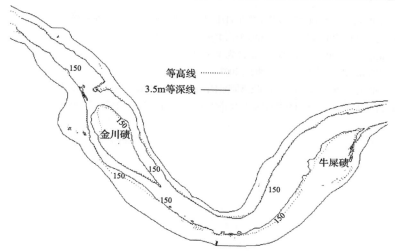

图 3.26　青岩子河段运行至第 54 年 3.5m 等深线图（单位：m）

参 考 文 献

[1] 张超. 水电能资源开发利用[M]. 北京: 化学工业出版, 2005.

[2] 周大兵. 坚持科学发展观, 加快水能资源开发[J]. 水力发电, 2004(12): 17-21.

[3] 盛海洋. 我国的十二大水电基地[J]. 长江水利, 1998(2): 51-53.

[4] 张治勋. 谈中国水电基地与水电站的开发建设[J]. 中学地理教学参考, 2004(10): 21-22.

[5] 刘兰芬. 我国河流流域梯级水电开发状况及特点[J]. 水问题论坛, 2001(4): 17-20.

[6] 陈进, 黄薇. 梯级水库对长江水沙过程影响初探[J]. 长江流域资源与环境, 2005(6): 786-791.

[7] 甘富万. 水库排沙调度优化研究[D]. 武汉: 武汉大学, 2008.

[8] Grasser M M, El-Gamal F. Aswan High Dam: Lesson learnt and on-going research[J]. Water Power & Dam Construction, 1994(46): 35-39.

[9] Merritt D M, Cooper D J. Riparian vegetation and channel change in response to river regulation: A comparative study of regulated and unregulated streams in the Green River Basin, USA[J]. Regulated Rivers: Research and Management, 2000(16): 543-564.

[10] 孙昭华. 水沙变异条件下河流系统调整机理及其功能维持初步研究[D]. 武汉: 武汉大学, 2004.

[11] 吴保生, 褚明华, 府仁寿. 美国科罗拉多河水沙变化分析[J]. 应用基础与工程科学学报, 2006(3): 427-434.

[12] 章厚玉, 胡家庆, 朗理民, 等. 丹江口水库泥沙淤积特点与问题[J]. 人民长江, 2005, 36(1): 27-30.

[13] 长江流域规划办公室长江科学院. 三峡水利枢纽工程泥沙问题研究成果汇编(150 米蓄水方案)[R]. 武汉: 长江流域规划办公室长江科学院, 1986.

[14] 黄国辉. 龚嘴水库泥沙淤积与水轮机磨损[J]. 四川水力发电, 1999 (4): 33-36.

[15] 张祥金. 龚嘴水库泥沙淤积发展浅析[J]. 四川水力发电, 1998(1): 17-19.

[16] 熊敏, 马文琼. 龚嘴水库泥沙淤积现状分析[J]. 四川水力发电, 2008(S1): 82-86.

[17] 张祥金. 龚嘴水库调度初步探讨[J]. 四川水力发电, 1994(4): 29-34.

[18] 蔡承德. 龚嘴水库汛期合理调度方式探讨[J]. 四川水力发电, 1994(1): 36-41.

[19] 陈建. 水库调度方式与水库泥沙淤积关系研究[D]. 武汉: 武汉大学, 2007.

[20] 赵克玉, 王小艳. 水库纵向淤积形态分类研究[J]. 水土保持研究, 2005(1): 186-188.

[21] 韩其为. 论水库的三角洲淤积一[J]. 湖泊科学, 1995(2): 107-118.

[22] 韩其为. 论水库的三角洲淤积二[J]. 湖泊科学, 1995(3): 213-225.

[23] 韩其为. 水库淤积[M]. 北京: 科学出版社, 2003.

[24] 李松柏, 杨源高. 龚嘴水库库床演变和过坝泥沙[J]. 四川水力发电, 1994(1): 29-35, 41.

[25] 童思陈. 河道型水库泥沙淤积及其长期利用调控模式研究[D]. 北京: 清华大学, 2005.

第4章 梯级水库水沙联合优化调度模型

在河流上修建水库后，可以获得防洪、发电、航运等多方面的效益，而各个效益之间是相互联系、相互制约的，处理好这些对应关系是水利枢纽规划工作中的重要内容和技术关键，是提高水利枢纽综合效益的基本途径和重要环节[1]。梯级水库兴建以后，某一级水库不再是单独存在的个体，除应协调各目标之间的相互关系外，更应从枢纽群整体效益发挥的角度，考虑各水库防洪、发电、航运效益之间的协调。

同时，由于梯级水库中水沙条件均较天然情况发生了变化，不仅同一水库不同运用阶段泥沙淤积状况不同，不同水库之间泥沙淤积速度、淤积特点在不同时间也各不相同，其对水库群整体防洪、发电、航运效益的影响将更为复杂。因此，如何协调好水库群兴利效益与长期使用的关系，使水库群综合效益更优，也是水库群开发利用的重要任务之一。水库优化调度就是以一定的最优目标作为调度准则，充分利用水库的调节能力，对来水量进行时间和空间的再分配，在满足综合需水条件及约束条件下获得最大的综合效益[2]。优化调度涉及水库防洪、发电、航运和排沙目标之间的利益转换，且这些目标之间存在一定的矛盾，是一个典型的多目标决策问题，需要用到多目标决策理论和方法。

本章在水库单独运行时防洪、发电、航运效益目标的基础上，探讨泥沙淤积及梯级水库兴建对各运用目标的影响及各目标间的相互关系，进而根据多目标决策问题和梯级水库效益间相互制约的特点建立梯级水库水沙联合优化调度模型，并对其进行求解。

4.1 梯级作用对水库综合运用目标的影响

4.1.1 防洪效益

1. 水库防洪调度目标

水库的防洪目标主要是根据下游防护对象的防洪标准及防护区的安全泄量，通过水库对洪水的调控作用，满足下游的防洪要求[2]。洪水调度中主要通过控制三个指标来达到调度的目的：水库的最高水位、最大下泄流量以及调度期末的水位。其中水库的最高水位体现了水库自身和上游（如过库区有淹没）的效益，最大下泄流量体现了下游的防洪效益，调度期末的水位反映了水库兴利与防洪的协调关系。

防洪调度的目的是充分利用水库防洪库容及所有的防洪措施,尽可能地减轻或减免下游防护区的洪灾损失[3-7]。因此,最理想的是能够确知库水位与上游淹没损失的关系以及最大下泄流量与下游淹没损失的关系,以防洪系统(包括上游、水库大坝、下游)总洪灾损失最小作为目标进行调度。但由于洪灾损失的经济指标难以选取,国内多采用物理指标近似代替经济指标,如使洪峰流量削弱到最小、承灾洪水历时最短或淹没面积最小、分洪水量最小等。在不考虑分洪区分洪,防护保护区的调洪任务完全由水库承担的情况下,水库调节一场洪水所需的防洪库容应越小越好,以防更大洪水的来临。因此,水库防洪调度目标可描述为:在保证防护区安全的条件下,取同一运行策略下所需防洪库容的最大值,不同运行策略下取各种策略所需最大防洪库容的最小值[7],以数学形式表示为

$$\min_{\theta}\left\{\max\left[V_{防洪1}(\theta),V_{防洪2}(\theta),\cdots V_{防洪t}(\theta),\cdots,V_{防洪T}(\theta)\right]\right\} \tag{4-1}$$

式中,θ 为水库运行策略;$V_{防洪}$ 为某一策略 θ 下的防洪库容;T 为水库运行总时段。对应于某一运行策略有一个水库蓄水状态的变化过程,对不同洪水下蓄水状态的调洪库容取最大值表示该运行策略所需的调洪库容。

2. 水库调洪计算

1) 水库调洪计算原理

水库的调洪作用,是采用滞洪和蓄洪的方法,利用水库的防洪库容来存蓄洪水,削减洪峰,改变天然入库洪水过程,使其适应下游河道允许泄量的要求,以保证水库本身及上、下游的防洪安全。调洪计算是将水库库容曲线、入库洪水过程线、调度规则以及泄洪建筑物类型、尺寸作为已知的基本资料和条件,对水库进行逐时段的水量平衡和动量平衡运算,从而推求库水位过程和下泄流量过程线。

洪水进入水库后形成洪水波运动,是一种具有自由表面的长波,其水力学性质属于明渠非恒定渐变流动,特点是:库区各断面的水力要素(如水位、流量、流速等)随时间变化。受库周、库底阻力和水库调蓄影响,洪水波形状自入库断面到坝址逐渐坦化[8]。其运动规律可用圣维南方程组来描述。

连续方程:

$$\frac{\partial A}{\partial t}+\frac{\partial Q}{\partial x}=0 \tag{4-2}$$

运动方程:

$$-\frac{\partial z}{\partial x}=\frac{1}{g}\frac{\partial u}{\partial t}+\frac{u}{g}\frac{\partial u}{\partial x}+\frac{\partial h_f}{\partial x} \tag{4-3}$$

式中，x 为距离；t 为时间；A、Q、z、u 分别为过水断面的面积、流量、水位和平均流速；g 为重力加速度；h_f 为克服摩擦阻力所损耗的能量水头。

2）水库调洪计算方法

式（4-2）和式（4-3）目前在数学上尚无解析解法，应用于水库调洪计算时，根据所考虑的因素不同，主要有静库容法、动库容法和不恒定流三类解法[8,9]。静库容法是水库调洪计算中应用最广的方法，其计算相对较为简单，实测资料证明其在大多数水库的应用效果较好，特别是对于水面较宽的湖泊型水库，该法具有较高的精度。本书主要采用静库容法进行求解。

由于洪水进入水库后，通过断面很大，水流流速很小，近似地假定库区流速趋近于零，库面也趋近于水平。这样，水库洪水的非恒定流问题，可近似地作为恒定流来处理，即略去运动方程，仅考虑库水位水平线以下的库容对洪水进行调节。

假定水库蓄水量 V 与库水位 Z 在有限 Δt 时段内呈直线变化，将连续方程简化成以下差分形式的水库水量平衡方程式：

$$\frac{Q_{初}+Q_{末}}{2}\Delta t - \frac{q_{初}+q_{末}}{2}\Delta t = V_{末} - V_{初} \tag{4-4}$$

式中，$Q_{初}$、$Q_{末}$ 分别为时段始末的入库流量；$q_{初}$、$q_{末}$ 分别为时段始末的出库流量；$V_{初}$、$V_{末}$ 分别为时段始末的水库蓄水量；Δt 为计算时段，其长短的选择以能比较精确地反映洪水过程的形状为原则。式（4-4）中 $Q_{初}$、$Q_{末}$ 均作为已知值，根据起调条件，调洪起始水位也为已知，即 $q_{初}$、$V_{初}$ 为已知，Δt 可选定，未知数有 $q_{末}$ 和 $V_{末}$，因此方程不能独立求解，还需建立第二个方程。

运动方程可近似地用水库泄水建筑物泄流能力曲线所表示的下泄流量 q 与库水位 Z（或水库蓄水量 V）和水库运行方式的关系表示：

$$q = f(Z,\theta) \text{ 或 } q = f(V,\theta) \tag{4-5}$$

式中，f 为函数关系，一般为非线性关系。

在计算时，给定水库调洪计算初始条件和已知入库洪水过程线，联解式（4-4）、式（4-5），就可以求出整个调洪过程的库水位、下泄流量等。这就是水库调洪计算所遵循的基本原理。

由于一些资料（如水位库容关系、下泄流量曲线等）难以用解析形式表示，故直接求解式（4-4）、式（4-5）有困难，一般采用试算法、（半）图解法、数值解法等来求解[10]。试算法亦称为迭代法，是一种概念清楚、适用面广的水库调洪计算方法，尤其是当计算时段不固定和多种泄流设施组合使用时，试算法更具有灵活性。

虽然试算工作量较大，但因为有计算机作为计算工具，所以计算快捷而准确。本书中的调洪计算即采用试算法。

3. 梯级水库对防洪的影响

梯级水库兴建以后，与水库单独运行时相比，其目标和防护对象均有可能发生变化。对于上级水库而言，下级水库的兴建，使得上级水库除应考虑自身下游防洪对象的防洪安全外，往往还需配合下级水库承担减轻其防洪压力的任务；对于下级水库而言，上级水库的兴建使得其防洪压力降低，但也往往使得其必须承担更多的防洪任务，或在不降低现有防洪标准的基础上提高其调节库容的利用率。综合来看，梯级水库的出现使得水库防洪目标趋于多样化，以金沙江梯级水库的防洪目标为例，既要提高宜宾和泸州沿江地区的防洪标准，又要协助降低寸滩洪水位，更需要协助解决长江上游平原区的防洪问题，因而在防洪任务的确定上需要明确各个水库的防护对象、为各个防护对象所预留的防洪库容以及各个水库承担防洪任务的时段，这既增加了梯级水库防洪问题的复杂性，也为研究梯级水库防洪效益留下了空间。对于具有防洪任务的大型综合运用水库而言，防洪是其必须达到的首要目标。同时，一旦各水库防洪目标确定以后，在保证防洪对象安全行洪的条件下，就无法进一步发挥更多的效益，这就为在达到防洪目标的基础上，研究水库综合效益的进一步优化提供了可能。

4.1.2 航运效益

除防洪、发电外，航运是水资源综合开发利用中的另一个重要组成部分。在开发利用水资源的规划设计中，航运效益的大小不仅直接关系到通航设施的等级和规模，有时甚至关系到整个工程能否兴建[11]。尤其在一些原本通航的河道上，利用水库径流调节，以维持航道最低通航水深，是改善天然航道的一个有效方法。

1. 水库调度对航运的影响

水库运行后库区水深大大增加，常年回水区航运将得到根本性的改善，而在变动回水区[12]，航运条件虽然也有所改善，但由于其具有高水位水库壅水及低水位恢复河道性质的双重特性，航道条件就变得复杂多变[13-16]；而在水库下游，枯水期下泄流量增大，对改善下游枯水期航道条件无疑是有利的，然而清水下泄冲刷又会引起下游河道长距离冲刷，从而改变下游河道形态，带来更多不确定的影响。因此，水库航运效益不仅要考虑水库蓄水后，库水位抬高引起的河道冲淤条件变化对库上游河道航运的影响，还要考虑水库蓄水后下泄清水(或水流中含沙量减少)引起下游河道冲刷对下游航运的影响[17,18]。其中常年回水区航运效益由于改善得比较彻底且稳定，容易量化，一般调度对其影响不大，而变动回水区、下游航运效益的量化要复杂得多，且必须考虑泥沙冲淤变化的影响，因此水库调度通常主要讨论对变动回水区航运和下游航运的作用。

1）水库调度对变动回水区航运的影响

水库变动回水区具有水库和河道的双重特性，冲淤交替进行，其变化较常年回水区更为复杂，对于航运的影响很大。水库蓄水后，由于壅水的作用，河道中的一些滩险被淹没了，航深和航宽增加，航道等级提高，弥补了冬季枯水期航道水浅的缺点，提高了航道的通航保证率和运输通过能力。但变动回水区的泥沙淤积，也可能给航运造成困难，主要表现在以下方面[19]：枯水期消落冲刷时，库水位下降的速度大于河底淤积物冲刷速度，且河面较开阔，难以发展成单一的主槽，或主支槽移位以及流量变小等，往往使该处在一定时期内航深不够；当库水位在最低水位停留较长时间时，在回水末端附近的库面开阔段有可能发生主槽摆动不定、深槽不连通而使通航困难；在变动回水区中、下段，在横剖面淤积较大河势发生改变的河段，主槽移位，原通航主槽被淤塞或不能通航，而新主槽中可能基岩、礁石过多，船只航行困难；在变动回水区中、下段，由于河道淤窄，出现大量淤积边滩，若这些边滩恰好位于港口、码头，则有可能影响船舶停靠和作业，使船只无法进港。

2）水库调度对下游航运的影响

水库调度对下游航道的影响[18]主要体现在：水库的蓄水调节，增大了枯水期下泄流量，大大改善了下游航道枯水期的通航条件[20]。但是，水库除汛期排洪泄沙外，经电站下泄的水流一般都比较清澈，由于水流的挟沙特性，清水会冲刷下游河床，造床过程强烈[21]，因此坝下游河床高程随水库运用会有一定的降低，同流量情况下坝下航道水位也会随之下降，导致大坝通航船闸下闸槛上的水深变浅，不利于通航。这种情况在水库运用初期较为明显。航道水深不足轻则使过往船只减载，重则引起断航，对航运会带来一系列不利影响[22,23]。因此，在大型水利枢纽的实际运用和调度过程中必须重视泥沙冲刷对下游航运的不利影响。

对于水库下泄引起的下游河道的航运问题，在做水利枢纽规划时，应充分认识和估计水位下降的幅度，在设计中预先适当降低大坝船闸下闸槛底部的高程。另外，通过水库调节，枯季可增加最小下泄流量，提高枯季水位，补偿坝下游冲刷的影响[24]。

2. 水库航运调度目标

由本节第一部分的分析可知，水库航运调度目标量化包括变动回水区和下游航道的航运效益，二者航运调度目标可分别表示为水库上、下游通航河段年内满足通航条件的时间最大：

$$\max P_U = T(\theta) \tag{4-6}$$

$$\max P_D = D(\theta) \tag{4-7}$$

式中，P_U 为变动回水区航运效益；$T(\theta)$ 为水库在运行策略 θ 下变动回水区达到通航要求的时间；P_D 为水库下游航运效益；$D(\theta)$ 为在运行策略 θ 下水库下游达到通航要求的时间。

由于变动回水区和下游航运效益需要分开计算，水库航运调度也是多目标决策问题。在具体调度决策时，可通过权重法将多目标转化为单目标，则水库的航运调度目标可表示为

$$\max P = \alpha_1 P_U + \alpha_2 P_D \tag{4-8}$$

式中，α_1 和 α_2 为权重系数；P 为水库总航运效益。

3. 梯级水库对航运的影响

梯级水库兴建以后，改变了下级水库的水沙条件，从而引起下级水库泥沙冲淤与出库流量的变化，在此仍分别讨论梯级作用对变动回水区与下游航运条件的影响。

1) 上游建库对变动回水区航运的影响

变动回水区航运问题主要表现为由泥沙淤积引起的航槽移位、易位过程中的局部航深、航宽不足的问题，以及港口、码头处的泥沙淤积问题。根据第 3 章中的研究成果，梯级水库兴建以后，虽然变动回水区泥沙淤积部位变化较小，但淤积发展速度减缓，同期淤积范围与淤积厚度明显减小，因而河势调整，航槽移位、易位现象出现的时间推迟，碍航问题出现的时间也随之推迟，且上游梯级越多变动回水区淤积发展速度越缓，从泥沙淤积的角度来看，上游建库对变动回水区航运是有利的。

2) 上游建库对下游航运的影响

上游建库以后，下级水库入库年内径流过程调平，汛期流量减小，枯水期流量增大，除此之外，上级水库蓄水过程中下泄流量较天然情况下也是减小的。径流过程年内的这种变化，对下游航运的影响表现出不同的特点：枯水期流量增大，有利于下游航道条件的改善；而在蓄水期，下泄流量减少，对下游航道条件又产生不利的影响。因此综合来看，上游建库对下级水库航运效益的影响是有利有弊的，不可一概而论。

4.1.3　发电效益

1. 水库发电调度目标

水库发电效益是综合利用的重要内容，我国目前大量兴建水库的主要目的就在于更好地利用水能资源以满足我国经济发展中的能源需求，在现阶段，水库的发电效益已经成为我国水库效益的主要部分。开展水电站水库的优化调度工作，提高水电站及电力系统的经济管理水平，挖掘潜力，可以在几乎不增加任何额外投资的条件下，获得显著的经济效益[25,26]。而在一个电网内往往有多座水电站，形成一个水电站水库群，不同规模跨流域的水库群联合调度可以起到库容补偿、水文补偿的作用，通过水库发电调度的优化，可以比单库调度获得更多的经济效益。

通常情况下，为了实现水资源的最优利用，在满足其他用途的前提下，以给电网提供尽可能多的可靠出力（电量）为准则，即以发电量最大为准则进行调度。则水库发电调度目标可描述为

$$\max E(\theta) \tag{4-9}$$

式中，E 为运行策略 θ 对应的发电量。对应于某一运行策略有一个水库蓄水状态的变化过程，从而有一个发电量，不同策略对应不同发电量，发电调度优化就是求可使得发电量 E 最大的策略 θ。

随着电力市场的发展，电价已经不再是一个单纯不变的因素[26,27]。因此发电调度目标转化为发电的总价更可以反映出发电的效益，此时，发电调度目标函数为

$$\max \sum_{i=1}^{T} E_i(\theta) B_i \tag{4-10}$$

式中，B 为电价。在水库的运行过程中，共有 T 个时段电价不同，i 为不同电价对应的时段。

2. 水库发电调度原理

水电厂的能源全部储存在水库中，水库的运行方式受河川径流影响很大，它的能源不能按照保证电力系统负荷要求的原则得到稳定的供应，而是多水年份多发电，少水年份少发电。河川径流的多变性和不重复性给水库的运行调度决策带来很大的困难。为充分利用水能，使调度决策能更好地符合调度原则，避免水库运用上出现人为的差错，在水库来水不能准确预知的情况下，实际水库发电调度中一般根据过去获得的径流资料编绘水库调度图，作为水库运行调度的工具[6,28]。

水库调度的中心问题是拟订水库的蓄泄方式和规则，满足发电保证率的要求，发挥水库的最大效益。此调度问题的数学表达式是确定以下函数关系，即

$$q_e = f(V,t) \text{ 或 } N = f(V,t) \tag{4-11}$$

式中，q_e 为发电用水流量；N 为电站出力；V 为水库蓄水量；t 为时间。

水库调度图就是表示水库调度中决策变量(电站出力、灌溉与城镇供水量、下泄量、时段末库水位等)与状态变量(时段初库水位或蓄水量、入库流量、时段末库水位等)之间关系的图。它是根据径流的时历特性或统计资料，按水库的最优准则，预先编制出一组控制水电站水库的水库蓄放水指示线。

由于水库调度图中常以库水位 Z 来代替库容，式(4-11)的函数形式一般难以用解析式表达，故上述函数表达的水库调度图实际上一般通过水量调节计算来求出反映 $Z_i(V_i) \sim N_i(q_i) \sim t$ 关系的曲线——调度线来表示[29]，其中，i 表征不同调度线。

水电站的水库调度图一般由以下各种调度线组成。

基本调度线，分上基本调度线(即防破坏线)和下基本调度线(即限制出力线)，是水电站按保证出力工作时，各时刻的最高和最低蓄水指示线，体现了水电站正常的保证出力运行方式。

加大出力线(或一组线)，其中包括防弃水线，是在丰水情况下水电站以不同方式加大出力工作时的一组水库蓄水指示线，体现水电站在丰水年对多余水量的利用方式。

降低出力线(或一组线)，是为减轻电站正常工作遭到破坏的程度，在枯水情况下水电站以降低出力工作时的一组水库蓄水指示线，体现了水电站在特枯水年的运行方式。

防洪调度线，为满足水库的安全而在各时刻必须预留蓄纳设计洪水的库容的指示线，其作用是指示何时需要控制泄洪。

其中加大出力线和降低出力线均为辅助调度线。

以库水位为纵坐标，时间为横坐标，将上述各种调度线绘入同一图中，即为水库调度图，如图 4.1 所示。图中 1 线为上基本调度线，2 线为下基本调度线，3 线为加大出力线，4 线为降低出力线，5 线为防洪调度线；$Z_设$ 为设计高水位，$Z_蓄$ 为正常蓄水位，$Z_限$ 为汛限水位。

这些调度线相应地将整个调度图划分为若干个调度区，各调度区的作用如下。

(1)保证出力区，上、下基本调度线之间的区域(A 区)，当库水位落在这一区时，水电站按保证出力工作。

(2)加大出力区，上基本调度线与加大出力线之间的区域(B 区)，当库水位落在这一区时，水电站按相应的加大出力线指示工作，这时出力大于保证出力而小于装机出力。

(3)预想出力区，加大出力线以上的区域(C 区)，当库水位落在这一区时，水电站按装机容量工作或发出机组的可能最大出力。

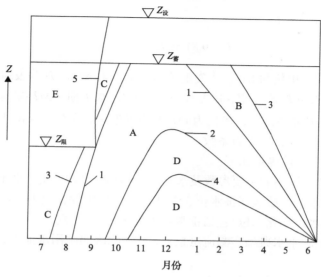

图 4.1 水电站年调节水库调度图

(4) 降低出力区，下基本调度线以下的区域(D 区)，当库水位落在这一区时，水电站按相应的降低出力线指示出力工作。

(5) 防洪调度区——E 区，当库水位落在这一区时，必须按水库设计规定的防洪要求进行放水。

当库水位(或蓄水量)落在某区时，就按各区所规定的数量来放水。这样，水库调度图包含的调度线与其所划分的调度区，规定了水库处于不同状态的调度方式，是指导水库运行的主要工具。

水库调度图综合反映了水库在各种条件下的调度规则，在调度过程中，库水位落于哪一个区域就按该区域的要求运行。

按水库调度图进行计算，一般应遵循以下调度规则：当库水位落于保证出力区时，水电站以保证出力 $N_保$ 工作；当库水位落于加大出力区时，水电站按加大出力线指示出力发电；当库水位落于预想出力区时，水电站按预想出力发电；当库水位落于降低出力区时，按相应的降低出力线的指示发电；当库水位落于防洪调度区时，按相应的调洪规则(方式)运行。

3. 考虑水库调洪和航运的发电调度计算

为考虑汛期调洪和航运调度对发电的影响，可在发电调度计算中加入调洪计算和航运的调度规则。当库水位落在防洪调度区时，按防洪调度规则进行调洪计算，并根据调洪的水位、下泄流量进行发电计算；当水库有航运要求时，发电调度还必须先满足航运调度需要的水位和下泄流量。

发电量计算公式：

$$E = 9.81\eta QHT = KQHT \tag{4-12}$$

式中，T 为时间，单位为 h；Q 为发电流量，单位为 m³/s；H 为发电净水头，等于水库上、下游水位差 $Z_\text{上} - Z_\text{下}$ 减去水头损失 ΔH，水头损失 ΔH 按枢纽设计中提出的流量-水头损失关系计算，单位为 m；E 为发电量，单位为 kW·h；η 为机电效率系数；$K = 9.81\eta$，为出力系数。

计算参数和条件确定如下：

(1)水库调度运用的主要参数及水利水电指标，例如，设计洪水位、防洪设计水位、正常蓄水位、航运保证水位、下泄流量、发电保证出力、综合利用部门要求的运用下限水位和死水位(包括正常和极限水位)等参数。

(2)水库上游来水典型实测流量系列，并扣除因船闸用水加渗漏、蒸发等损失的流量。

(3)电站下泄流量与水位关系。

(4)水库库容曲线。

(5)水库调度图。

根据水库各种设计参数、特征水位及调度图，发电量计算过程如下。

(1)首先根据水库调度图划分计算时段。

(2)对于某一计算时段，首先判断该时段库水位落于哪一个调度区，依调度区假定不同的时段末水位，在预想出力区，假定库水位与防破坏线所对应的水位相等；在保证出力区，假定库水位与限制供水线所对应的水位相等。用假定的时段末水位和相应下泄流量计算指示出力，若 N_i 恰巧等于 $N_{i\text{末}}$ 的相应出力要求，该时段的计算便完成，否则应重新假定 $Z_{i\text{末}}$，直至符合要求为止，其中，i 为某一时刻。

(3)判断上面的计算结果是否满足防洪调度或航运调度的水位、下泄流量要求，如果不满足，则调整水位和下泄流量至满足要求，并重新计算发电量。

(4)进入下一时段计算，直至计算完所有时段。

4. 梯级水库对发电的影响

梯级水库兴建后，对于下级水库而言，由于入库径流过程发生了变化，因而其发电效益也随之发生相应的变化。与水库单独运行相比，上级水库在蓄水期蓄水，下级水库入库流量减少，因而发电效益降低；而在枯水期，上级水库的调蓄作用使得枯水期下泄流量增大，在这一时段发电效益是增加的，综合来看，对下级水库而言，上级水库兴建对其发电效益的影响取决于由径流过程改变所引发的发电量增减的对比情况；另外，水库单独运行时，通常可以通过尽可能地提前蓄水时间来获得更大的发电效益，这也是水库效益优化的一个重要途径，而上级水库兴建后，若蓄水期上、下级水库同步蓄水或蓄水时间发生重合，下级水库蓄水期来流与蓄水进程将受到上级水库壅水的制约，因而下级水库发电效益随蓄水时间的变化并非蓄水时间越早发电效益越大，而是应与上级水库蓄水时间错开一定时段，才能获得更大的发电效益。

　　需要指出的是，上述认识均是在上级水库蓄水时间一定的前提下，从上级水库兴建对下级水库发电效益影响的角度分析得到的。梯级水库群兴建以后，水库不再是单独存在的个体，而应从梯级水库群综合发电效益最优的角度研究梯级水库发电效益优化问题，即需要探讨梯级水库群整体发电效益优化的有效途径。

4.1.4　泥沙调度目标

1. 长期利用目标

　　泥沙淤积对水库效益的影响首先表现为减少水库的兴利库容，降低水库的防洪能力，因而泥沙调度首先应包含水库长期利用与库容保留，以实现水库长期利用的目标。

　　水库淤积总量的大小，是水库泥沙淤积状况的最直接反映，因此，水库淤积总量被很多泥沙研究者作为衡量水库淤积状况的重要指标。如果将水库淤积总量作为水库长期利用的目标，则其目标函数为

$$\min S = V_{\mathrm{s}}(\theta) \tag{4-13}$$

式中，S 为水库淤积平衡后有效库容保留比；$V_{\mathrm{s}}(\theta)$ 为在运行策略 θ 下水库接近平衡时泥沙总淤积量。

　　水库淤积总量可以在一定程度上反映出水库淤积状况，但由于水库淤积分布的不同，水库淤积总量小并不一定说明水库淤积对效益的影响小。就水库淤积对效益的影响而言，水库保留有效库容与水库设计有效库容之比，是水库长期使用的主要指标。水库长期利用的目标可用水库有效库容保留比表示为

$$\max S = \frac{V(\theta)}{V_{\mathrm{设计}}} \tag{4-14}$$

式中，$V_{\mathrm{设计}}$ 为水库设计有效库容；$V(\theta)$ 为优化运行策略 θ 下水库淤积平衡后的有效库容。

　　由于水库淤积对有效库容的损害主要发生在变动回水区，因此水库淤积对有效库容的影响可以直接用水库变动回水区的淤积量衡量，水库长期利用的目标也可以为

$$\min S = V_{\mathrm{b}}(\theta) \tag{4-15}$$

式中，$V_b(\theta)$ 在运行策略 θ 下水库在接近平衡时变动回水区淤积量。

　　上述优化目标都基于水库平衡后的状态，然而，在一些多沙河流建立的水库，其达到平衡后淤积量非常大，变动回水区的淤积较多，水库有效库容的损失严重，保留率过低，难以满足水库长期利用的要求，此时水库应当以满足长期利用要求运用时间最长为目标，水库长期利用的目标函数为

$$\max S = T(\theta) \tag{4-16}$$

式中，$T(\theta)$ 为运行策略 θ 下水库泥沙淤积程度小于等于可允许淤积的时间，可以是水库变动回水区淤积量小于某个淤积量的时间，或者是水库有效库容保留比大于长期使用要求值的时间。

　　2. 考虑泥沙冲淤的航运调度目标

　　水库的航运调度目标可以用通航河段年内满足通航条件时间最大来表征，但如前所述，变动回水区及下游通航河段航道条件与泥沙冲淤变化密切相关，仅靠反映水库蓄泄关系的径流调度无法给出通航河段航道条件的变化，必须借助泥沙学科的研究手段，研究水库运行过程中碍航河段冲淤演变过程及相应航深、航宽及流速分布，因而泥沙调度目标还应包括航运效益随泥沙冲淤的变化。

　　由于水库变动回水区泥沙淤积对航运有着直接的影响，彭杨[24]认为变动回水区航运效益还可用变动回水区航道的维护费用衡量。由于变动回水区航道的维护主要是航道的疏浚，因此变动回水区航道效益与疏浚费用有紧密联系。航道疏浚费用越大，航运效益的损失越大。考虑到疏浚工程的费用是与碍航淤积量紧密相关的，而只有影响到航运的那部分淤积量，即碍航淤积量才需要清除，因此变动回水区的航运调度目标也可以是使水库清除河道中碍航淤积量需要的疏浚费用达到最小，则对变动回水区航运效益的泥沙调度目标可表示为

$$\max P_U = F - F(\theta) \tag{4-17}$$

式中，P_U 为变动回水区航运效益；F 为水库设计调度方式下的疏浚费用；$F(\theta)$ 为运行策略 θ 下的疏浚费用。疏浚费用 F=碍航淤积量×每立方米淤积量的疏浚费用。一般来说，每立方米淤积量的疏浚费用可以由资料或工程单位给出，一般为已知。碍航淤积量与河道内泥沙淤积的部位有关，需进行水库泥沙冲淤计算才能给出。

　　对于河势调整与河型转化过程中出现的碍航问题，如前所述，在水动力条件不发生明显变化的前提下，碍航问题出现的时间随着泥沙淤积强度的降低、淤积发展速度的减缓而推迟，因而也可用变动回水区出现碍航问题的时间来表示考虑泥沙淤积的航运调度目标：

$$\max S = F(\theta) \tag{4-18}$$

式中，$F(\theta)$ 为优化运行策略 θ 下变动回水区出现碍航问题的时间。碍航问题出现的时间越晚，航运效益越大。

3. 长期发电效益

泥沙淤积对水库效益的影响除表现为减小防洪库容降低水库调蓄洪水的能力、回水上延带来的变动回水区洪水位抬高、泥沙淤积引起的变动回水区碍航问题外，还有随着泥沙淤积水库库容曲线不断变化，水库调蓄能力降低，蓄、泄水速度也发生变化，因而对水库发电效益也会产生影响。

因此，水库泥沙调度目标除应包括泥沙冲淤变化对防洪、航运效益的影响外，还应通过水库库容曲线随淤积过程的变化来反映泥沙运动对发电效益的影响。以水库由运行初始至达到淤积初步平衡或某一时间节点这段时间内的总发电量作为目标，即水库长期发电效益可描述为

$$\max \int_0^T E(\theta,t)\mathrm{d}t \tag{4-19}$$

式中，t 为水库运行时刻；T 为水库运行总时间。对应于某一运行策略有一个调节库容变化过程，从而有一个发电量变化过程，一定时期内不同策略对应不同的总发电量，考虑泥沙淤积的发电效益的优化，就是求可使得长期发电效益最大的策略 θ。

在梯级水库中，单个水库的长期使用变为水库的长期使用，各级水库泥沙淤积部位、发展过程、淤积速度各不相同，其长期使用更为复杂。除应满足各水库长期利用目标外，与单个水库相比，梯级水库发电效益是各级水库发电效益的总和，而由于各水库泥沙运动特点的差异，各水库发电效益随泥沙淤积发展的变化情况也各不相同，因而梯级水库条件下更应以水库群长期发电效益作为调度的目标之一：

$$\max \sum_{i=1}^{N} \int_0^T E_i(\theta,t)\mathrm{d}t \tag{4-20}$$

式中，N 为水库数量；$E_i(\theta,t)$ 为第 i 级水库对应优化运行策略 θ 时在 t 时刻的发电量。

综上所述，对水库实行水沙联调时，需反映水库调节库容的保留程度、航道条件随河道冲淤发展的变化和水库库容曲线变化。

4.2　梯级水库水沙联合优化调度模型建立与求解

4.2.1　水库多目标调度优化问题

水库优化调度属于多目标决策问题，即在满足水库防洪、发电、航运以及泥沙调度目标的前提下，寻求使得水库防洪、长期发电与航运效益最大，泥沙淤积效果最好的水库调度方式。这中间涉及四个方面的目标函数，分别表示如下。

水库防洪优化目标：

$$\max F = f_1(\theta) \tag{4-21}$$

水库长期发电效益优化目标：

$$\max E = f_2(\theta) \tag{4-22}$$

水库航运优化目标：

$$\max P = f_3(\theta) \tag{4-23}$$

水库长期利用目标：

$$\max S = f_4(\theta) \tag{4-24}$$

式中，θ 为优化运行策略，水库优化调度即寻求最优策略；$f_1(\theta)$、$f_2(\theta)$、$f_3(\theta)$、$f_4(\theta)$ 分别为水库防洪、发电、航运效益和水库长期利用目标的具体函数表达。

本书将主要从梯级水库各目标的相互制约关系出发，采用约束法的数值解法把多目标问题转换为单目标问题求解非劣解。采用约束法将上述问题转变为单目标问题的目标函数为

$$\max B_0 = f_0(\theta) \tag{4-25}$$

式中，B_0 为水库选定的优化目标；$f_0(\theta)$ 为对应目标在优化运行策略 θ 下的函数表达式。

约束条件为

$$B_i \geqslant B_i^{约束}，i=1，2，3，4 \tag{4-26}$$

式中，B_i 为水库所有优化目标中的一个。在求解使得 B_0 最大的运行策略 θ 时，要保证 B_i 不小于其给定的约束值 $B_i^{约束}$，求解 B_0 的非劣解集的过程，就是在不同 $B_i^{约束}$ 条件下求解最优运行策略的过程。

其他约束条件包括水库调度水位、流量等参数允许的范围。

其他目标转换为约束后的形式不必是所定义的目标函数，可以根据实际情况转变为水位和流量参数，从而可以简化水库优化求解的过程。

4.2.2 梯级水库水沙联合优化调度模型的建立

4.1 节分析了泥沙淤积及梯级作用对水库综合运用目标的影响，以及水库各运用目标之间存在的相互制约关系[30]。防洪运用目标仅是保证防护对象的行洪安全，在防洪任务明确的情况下实现防洪运用目标，即无法进一步发挥更多的效益；泥沙调度中长期利用目标，也和防洪一样，在可以保证水库长期利用后，更进一步减少淤积也不会为水库增加更多效益；而长期发电效益则不同，其值是越大越好，没有上限。

因此本书以梯级水库长期发电量作为优化目标，而将防洪、航运、水库长期利用等目标要求转化为约束条件，求解使得梯级水库长期发电效益达到最大的调度方式组合。

优化目标函数为

$$F = \max \sum_{j=1}^{N} \int_{0}^{T} E_j(\theta, t) \mathrm{d}t \tag{4-27}$$

其余目标转化为约束条件。

(1)防洪要求可转化为水库调度中的防洪限制水位和下泄流量：

$$Z^j \leqslant Z^j_{防洪}, \quad Q^j_{下泄} \leqslant Q^j_{防洪限制} \tag{4-28}$$

(2)根据前述研究，变动回水区碍航河段淤积发展强度越低、淤积发展速度越慢，碍航问题出现的时间越晚，因而可将设计方案下出现碍航问题时的碍航浅滩淤积量作为约束值，变动回水区航运要求可以转化为同时段碍航河段淤积量少于该约束值：

$$Z^j \leqslant Z^j_{航运}, \quad W^{j,k} \leqslant W^{j,k}_{碍航} \tag{4-29}$$

(3)下游航运要求则可以转化为下游通航保证流量、碍航河段冲刷量上限或最早出现碍航的时间：

$$Q^j_{下泄} \geqslant Q^j_{航运}, \quad W^{j,k} \leqslant W^{j,k}_{碍航} \text{ 或 } T^{j,k} \geqslant T^{j,k}_{碍航} \tag{4-30}$$

(4)水库长期利用目标可转化为泥沙淤积约束：

$$T^j_s \geqslant T^j_{设计} \text{ 或 } V^j \leqslant V^j_{设计} \tag{4-31}$$

(5)其他各水库一般调度水位和下泄流量约束值。

式(4-28)～式(4-31)中，j 为梯级水库自上游至下游 N 级水库中某级水库的序号；k 为第 j 级水库碍航河段序号；Z^j 为库水位；$Z^j_{防洪}$ 为防洪限制水位；$Z^j_{航运}$ 为通航限制水位；$Q^j_{下泄}$ 为水库下泄流量；$Q^j_{防洪限制}$ 为满足防洪要求的最大下泄流量；$Q^j_{航运}$ 为枯水期满足下游通航要求的最小下泄流量；$W^{j,k}$ 为碍航河段淤积量；$W^{j,k}_{碍航}$ 为碍航河段最大碍航淤积量；$T^{j,k}_{碍航}$ 为最早出现碍航的时间；T^j_s 为泥沙淤积量达到设计值的时间；$T^j_{设计}$ 为泥沙淤积所需时间；V^j 为某一特定时刻泥沙淤积量；$V^j_{设计}$ 为设计泥沙淤积量。

4.2.3　基于遗传算法的梯级水库水沙联合优化调度模型求解

随着计算机技术的发展，大规模的数据处理能力大大加强，再加上遗传算法的特点，其在水库(群)优化调度(寻求最优调度轨迹)、水电厂经济运行、水火电混合系统经济调度、水库调度规则等领域中得到了广泛的应用[30-35]，给现代水库调度技术注入了活力与生机[36]。实践表明，与传统优化计算方法相比，遗传算法从多个初值点开始寻优，沿多条路径搜索实现全局或准全局最优，而且计算过程中不需要存储状态或决策变量离散点，占用计算机内存少，尤其适用于求解大规模复杂的多维非线性优化问题，具有收敛速度快，能达到全局最优的优点[37,38]。

利用遗传算法求解最优调度策略时，首先要求得优化计算的不同运行策略下的目标值和约束值。目标值和约束值的处理及计算方法的复杂程度是影响水库最优求解速度的重要因素，而其准确度则决定了求解结果的精度。其中泥沙调度目标或约束只能由水沙数学模型提供，但泥沙淤积计算与径流过程计算的时间尺度差异较大，因而长期制约水沙联合调度的真正实现。为了同时进行淤积计算与径流调度，本书首先通过预先的泥沙淤积计算，形成泥沙信息库；在优化计算时，发电调度可以通过水库径流调节模型进行求解，而泥沙淤积计算则通过神经网络对泥沙信息库进行快速搜索和插值，能够大大节省优化计算的时间。

1)泥沙信息库及基于神经网络的泥沙约束求解

本模型中需要用到的泥沙约束包括变动回水区泥沙淤积量、碍航河段某一时刻的泥沙淤积量，并且为了反映泥沙淤积对发电效益的影响，还需用到各时刻水库库容曲线。其中变动回水区泥沙淤积量和水库库容曲线变化可利用一维水沙数学模型根据来水来沙及水库运行的水位过程求得，但由于水沙数学模型计算耗时太长，直接使用其计算每个个体对应的泥沙淤积时会严重影响整个优化过程的计算速度，如假设对每个个体用一维模型求解泥沙淤积花费的时间为 10 分钟，遗传算法每代 100 个个体，运算 100 代达到最优，则计算一维模型花费的时间达 10×100×100 分钟，即将近 70 天时间，因而不宜直接应用在遗传算法求解最优值中。此外局部河段河床冲淤变形必须借助二维水沙数学模型才能实现，而二维水沙数学模型相较一维水沙数学模型而言计算量更大、耗时更长。

比较分析表明，人工神经网络的非线性映射能力能够很好地反映水库调度中多个自变量和因变量之间的复杂关系，具有较高的模拟精度和较好的可行性，且应用简便。为缩短求解泥沙淤积量所花时间，本书将利用内插能力极强的 BP 神经网络拟合水沙数学模型计算成果进行求解。具体做法如下。

（1）首先建立泥沙信息库。对于设计的来水来沙过程，在防洪和航运约束条件下，计算大量个体的水库运行水位；用一维水沙数学模型采用上述水库运行水位作为下边界条件，进一步计算每个个体对应的泥沙淤积情况，包括变动回水区泥沙淤积量与水库库容曲线变化情况；从而求得对应的目标值或约束值，并将计算成果整理形成泥沙信息库。

（2）对于有通航任务的水库，还需用到二维水沙数学模型。利用前述一维水沙数学模型为重点碍航浅滩的二维模拟提供边界条件，进而计算碍航部位淤积量，并将计算成果归入泥沙信息库中。

（3）用 BP 神经网络拟合建立值与个体的关系。

（4）在利用遗传算法求解建立的模型时，每个个体对应的泥沙淤积目标值或约束值即可利用训练得到的神经网络直接求解。

2）水库径流调节计算

梯级水库水沙联合优化调度模型优化的目标是水库群长期发电效益，而将梯级水库的防洪、航运目标转化为水库调度中的水位和下泄流量约束参数。梯级水库的发电效益可以通过 4.1.3 节中考虑防洪和航运的水库发电调度模型求得，为了研究水库群长期发电效益，本书通过每隔一定时段修改一次水库库容曲线，从而将兴利库容损失对水库发电效益的影响反映到考虑防洪和航运的水库发电调度模型中。

由于水库发电调度中考虑了调洪和航运约束的影响，是在保证了防洪和航运约束条件的基础上进行计算的，因此无须对防洪和航运约束值另行计算，个体评价时此两项约束条件自动满足。

3）遗传算法求解考虑泥沙问题的梯级水库调度模型

利用遗传算法求解建立的水库调度模型，就是将水库运行策略作为遗传算法的个体，经过遗传运算后获得使得效益达到最大的个体——最优运行策略。由运行策略各变量给定的范围即可随机生成初始群体，而由一个群体通过遗传运算生成下一代群体之前，还需要对该群体的个体进行评价，判断各个体是否符合优化约束的要求，分析各个体的适合度，以根据个体的优异程度进行遗传运算，将优秀的基因遗传到下一代。而个体适合度则需要根据每个个体对应的水库运行策略求解得到的目标值以及约束值进行分析，因此在个体评价之前必须先通过其他计算求解目标值和约束值，本书即按上述 1）和 2）所述方法计算。遗传算法的主要计算过程如图 4.2 所示。

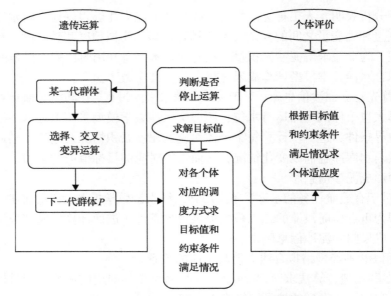

图 4.2   基于遗传算法的水库优化调度求解过程

参 考 文 献

[1] 甘富万. 水库排沙调度优化研究[D]. 武汉: 武汉大学, 2008.

[2] 长江水利委员会. 三峡工程综合利用与水库调度研究[M]. 武汉: 湖北科学技术出版社, 1997.

[3] 陈惠源. 江河防洪调度与决策[M]. 武汉: 武汉水利电力大学出版社, 1999.

[4] 许自达. 优化技术在防洪中的应用[M]. 南京: 河海大学出版社, 1990.

[5] 付湘, 纪昌明. 多维动态规划模型及其应用[J]. 水电能源科学, 1997(12): 1-6.

[6] 李钰心. 水资源系统运行调度[M]. 北京: 中国水利水电出版社, 1996.

[7] 胡振鹏. 防洪系统联合运行的动态规划模型及其应用[J]. 武汉水利电力学院学报, 1987(4): 55-65.

[8] 水利电力部水利水电规划设计院, 长江流域规划办公室. 水利动能设计手册(防洪分册)[M]. 北京: 水利电力出版社, 1988.

[9] 电力工业部成都勘测设计院. 水能设计[M]. 北京: 电力工业出版社, 1981.

[10] 陈守煜. 水库调洪数值——解析解法[J]. 大连理工大学学报, 1996(6): 721-724.

[11] 万晓文. 河流的水利枢纽规划与航运规划[J]. 水利水电快报, 1998(5): 5-8.

[12] 崔宗培. 中国水利百科全书(第三卷)[M]. 北京: 水利电力出版社, 1991.

[13] 李宪中. 三峡水库运用方式与库区航运条件[J]. 中国水运, 2001(5): 31-32.

[14] 长江流域规划办公室长江科学院. 三峡水利枢纽工程泥沙问题研究成果汇编(150 米蓄水方案)[R]. 武汉: 长江流域规划办公室长江科学院, 1986.

[15] 韩其为, 何民明, 童中均, 等. 从已建水库的对比看三峡水库变动回水区的航道问题[J]. 人民长江, 1986(12): 1-9.

[16] 陕西省水利科学研究所, 清华大学水利工程系. 水库泥沙[M]. 北京: 水利电力出版社, 1979.

[17] 陈波. 浅析水资源综合利用及航运效益问题[J]. 陕西水力发电, 1998, 9: 15-16.

[18] 韩其为, 何明民. 论水库的航道控制[M]//水利水电科学研究院. 水利水电科学研究院科学研究论文集第29集. 北京: 水利电力出版社, 1989.

[19] 中国水利学会泥沙专业委员会. 泥沙手册[M]. 北京: 中国环境科学出版社, 1989.

[20] 钱宁, 万兆慧. 河床演变学[M]. 北京: 科技出版社, 1989.

[21] 韩其为, 何民明. 三峡水库修建后下游长江冲刷及其对防洪的影响[J]. 水力发电学报, 1995(3): 34-46.

[22] 雷鸣浩. 乌江断航危害严重, 恢复通航刻不容缓[J]. 水运科技信息, 1994(21): 14-15.

[23] 文传祺. 三峡工程蓄水期碍断航的影响及对策[J]. 中国水运, 2001(6): 37-38.

[24] 彭杨. 水库水沙联合调度方法研究及应用[D]. 武汉: 武汉大学, 2002.

[25] 黄益芬. 水电站水库优化调度理论的应用[J]. 水电能源科学, 1996(2): 127-133.

[26] 王丽娟. 基于电价的水库优化调度研究[D]. 武汉: 武汉大学, 2005.

[27] 欧述俊. 考虑峰谷电价的水库发电调度优化方法探讨[J]. 水力发电, 2003(1): 8-9.

[28] 陈宁珍. 水库运行调度[M]. 北京: 水利电力出版社, 1990.

[29] 新安江水力发电厂. 水电站水库调度[M]. 北京: 水利电力出版社, 1984.

[30] 姚静芬, 杨极. 通过优化调度提高多泥沙水库效益的研究[J]. 东北水利水电, 2000(3): 33-35.

[31] 肖杨, 彭杨, 王太伟. 基于遗传算法与神经网络的水库水沙联合优化调度模型[J]. 水利水电科技进展, 2013, 33(2): 9-13.

[32] 畅建霞, 黄强, 王义民. 基于改进遗传算法的水电站水库优化调度[J]. 水力发电学报, 2001(3): 85-90.

[33] 钟登华, 熊开智, 成立芹. 遗传算法的改进及其在水库优化调度中的应用研究[J]. 中国工程科学, 2003(9): 22-26.

[34] 王少波, 解建仓, 孔珂. 自适应遗传算法在水库优化调度中的应用[J]. 水利学报, 2006(4): 480-485.

[35] 宋朝红, 罗强, 纪昌明. 基于混合遗传算法的水库群优化调度研究[J]. 武汉大学学报(工学版), 2003(4): 28-31.

[36] 刘攀, 郭生练, 李玮, 等. 遗传算法在水库调度中的应用综述[J]. 水利水电科技进展, 2006(4): 78-83.

[37] 王黎, 马光文. 基于遗传算法的水电站优化调度新方法[J]. 系统工程理论与实践, 1997, 7: 65-82.

[38] 畅建霞, 黄强, 王义民. 水电站水库优化调度几种方法的探讨[J]. 水电能源科学, 2000(3): 19-22.

第5章 溪洛渡、向家坝、三峡梯级水库调度方式优化

在我国十二大水电能源基地中，金沙江中下游水电能源基地是规模最大的一个，为我国西电东送的主要能源基地之一[1,2]。其中金沙江下游河段(雅砻江河口至宜宾)水能资源的富集程度最高，规划分四级开发，从上至下为乌东德、白鹤滩、溪洛渡和向家坝四座梯级水电站，装机容量可达 3070 万~4310 万 kW，年发电量 1569 亿~1844 亿 kW·h。溪洛渡、向家坝已分别于 2012 年和 2013 年投产发电，不可避免地对下游三峡电站入库水文泥沙条件产生影响，因此无论是从梯级水能优化利用的微观角度还是从有利于国民经济发展的宏观角度来看，进行溪洛渡、向家坝、三峡梯级水库水资源联合调度均具有重要的现实意义。

本章在分析溪洛渡、向家坝、三峡梯级水库现有设计调度方式下防洪、发电、航运效益及其相互制约的基础上，明确梯级防洪目标与长期利用目标对蓄水时间变化的限制作用，进而研究梯级调度方式组合变化对溪洛渡、向家坝、三峡水库发电效益的影响，最后利用建立的梯级水库水沙联合优化调度模型对梯级蓄水时间组合进行优化。

5.1 溪洛渡、向家坝、三峡水库设计调度方式分析

为了对溪洛渡、向家坝及三峡水库的梯级调度方式组合进行优化，必须首先明确三个水库在现有调度方式下的防洪、发电、航运效益及蓄满情况，即明确优化的对象与参照的标准。

本节依据溪洛渡、向家坝、三峡水库的设计调度方式，通过考虑防洪、航运的发电调度计算(发电调度模型见 4.1.3 节)，对设计调度方式下溪洛渡—向家坝—三峡梯级水库蓄满情况以及防洪、发电、航运等目标的情况进行分析。这里溪洛渡水库直接采用屏山站的资料，向家坝水库采用溪洛渡水库调蓄后的屏山站资料，而三峡水库则采用考虑上游溪洛渡和向家坝水库调节后的宜昌站资料。其中，屏山站采用 1950~2008 年水文系列，而由于三峡水库 2003 年蓄水运用，2003~2008 年难以反映天然情况下的宜昌流量过程，这里宜昌站采用 1950~2002 年水文系列。上述系列长度均超过 50 年，具有较强的代表性，能够满足各种工况下水库径流调度研究的需求。

5.1.1　溪洛渡水库设计调度方式分析

1. 基本情况及设计调度方式

溪洛渡水库位于四川省雷波县和云南省永善县交界的金沙江下游溪洛渡峡谷，坝址控制流域面积为 45.44 万 km²，约占金沙江流域面积的 96%。坝址下游距宜宾市河道里程 184km，距离三峡 770km，是金沙江下游河段规划的第三个梯级，上游梯级衔接白鹤滩水电站，下游衔接向家坝水电站。溪洛渡水库运用目标以发电为主，兼顾防洪，此外，尚有拦沙和改善库区通航条件等综合利用效益，是实现西电东送的骨干电站。水库正常蓄水位 600m，总库容 126.7 亿 m³，正常蓄水位以下库容 115.7 亿 m³，调节库容 64.6 亿 m³，具有不完全年调节能力。可设计电站装机容量 1260 万 kW，多年平均发电量 571.2 亿～640.6 亿 kW·h(近期～远景)，保证出力 339.5 万～665.7 万 kW(近期～远景)。

考虑水库发电、防洪、冲沙等因素拟定的设计调度原则为：汛期(6 月～9 月 10 日)按汛限水位 560m 运行；9 月中旬开始蓄水，9 月底库水位蓄至 600m，每旬库水位平均上升 20m；12 月下旬～5 月底为供水期，5 月底库水位降至死水位 540m，如图 5.1 所示。其具体的防洪及发电调度准则如下。

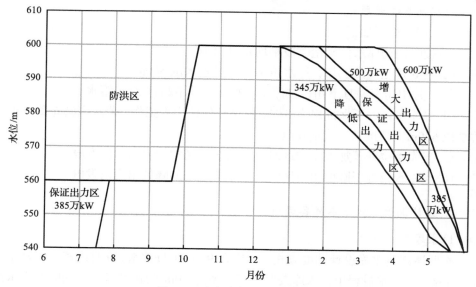

图 5.1　溪洛渡水库设计调度图

1)防洪调度规则

溪洛渡水库汛期防洪调度要求在 6 月至 9 月上旬，库水位不高于汛限水位 560m，当发生洪水时库水位在正常蓄水位 600m 以上按保坝要求调节洪水，汛限水位 560m 至正常蓄水位 600m 之间为 46.5 亿 m³ 的防洪库容,保护下游川江及长江中下游防护对象的防洪安全,设计时采用不考虑水文预报的调度方式。由于溪洛渡水库对长江中下游防洪的补偿调度仍有待进一步的研究,这里重点针对溪洛渡水库对川江河段防洪补偿调度分析其防洪问题。溪洛渡水库对川江河段的统一防洪调度方式简述如下。

(1)当李庄流量未达到 40000m³/s,而寸滩流量达到 53100m³/s 时,水库蓄水流量为 3000m³/s。

(2)当李庄流量达到 40000m³/s 时,水库蓄水流量为 9500m³/s。

(3)当李庄流量达到 54500m³/s 时,水库蓄水流量为 11000m³/s,一直到水库蓄至防洪高水位。

(4)在退水段,当李庄流量小于 33500m³/s(相当于李庄多年平均流量)时,水库在时段来流的基础上逐步加大下泄流量,并控制李庄流量不超过 40000m³/s,以逐渐腾空水库,迎接下一次洪水。

(5)在调洪过程中要求满足发电约束条件:当 $Q_入 \leqslant 10000m³/s$ 时, $Q_泄 = 2500m³/s$;当 $Q_入 > 10000m³/s$ 时, $Q_泄 \geqslant 7000m³/s$。其中, $Q_入$ 和 $Q_泄$ 分别为进、出库流量。

2)发电调度规则

发电调度规则如下:

(1)按时段初库水位确定时段平均发电出力。

(2)在 6 月至 9 月上旬,库水位不高于汛限水位 560m。

(3)9 月中旬至 9 月下旬,按库水位每旬上升不超过 20m 蓄水。

(4)当库水位处于保证出力区时,电站按保证出力工作,若水库已充蓄至正常蓄水位 600m,则按来水流量发电。

(5)当库水位处于加大出力区时,电站按该区的加大出力值发电。

(6)当库水位处于降低出力区时,电站按该区的降低出力值发电。

2. 设计调度方式下水库各运用目标

1)水库蓄满情况

按照溪洛渡水库设计调度方式,水库自 9 月 11 日蓄水,9 月底蓄至正常蓄水位 600m。在蓄水过程中,水库按照每旬不超过 20m 的速度蓄水,同时要求水库满足保证出力。按照上述调度方式,根据屏山站 1950~2008 年水文系列的径流调度计算结果,59 年中仍有 3 年水库不满足在 9 月底正常蓄满,占全部年份的 5.1%,分别是 1987 年、2002 年和 2006 年,水库在 9 月底分别蓄至了 595.4m、591.8m 和 597.8m。

2）发电效益

发电是溪洛渡水库的第一任务，根据目前水库设计调度方式，其发电效益变化特点如下。

（1）蓄水期在满足水库保证出力的基础上进一步抬高蓄水位，水库的蓄水期保证出力能够满足。

（2）枯水期由于水库来水减小，调度规则要求水库维持正常蓄水位按来流发电，水库有较多天数不满足保证出力，直至进入消落期，水库下泄流量补偿，发电量逐步增加。

（3）从各年发电量来看，最大的是 1965 年，为 635.9 亿 kW·h；最小的是 1987 年，为 377.2 亿 kW·h；多年平均发电量为 543.1 亿 kW·h，如图 5.2 所示。

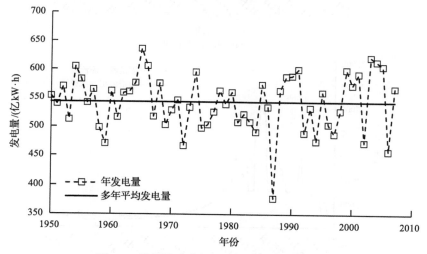

图 5.2　溪洛渡水库长系列年均发电量变化图

3）防洪效益

溪洛渡具有 46.5 亿 m³ 的防洪库容，对下游川江防洪具有重要的保障作用。按照其汛期洪水调度规则，应重点防护李庄流量大于 40000m³/s 情况下的洪水，以保障宜宾、泸州、重庆等川江沿线城市的防洪安全。根据 1950～2008 年实测洪水系列，本节计算了溪洛渡水库实际洪水系列下的调洪情况。计算结果表明，按照目前的设计调度方式，水库均能安全调蓄。

对于金沙江的洪水而言，1966 年洪水、1998 年洪水是较为典型的两种类型。其中，1966 年洪水是屏山站有实测资料以来最大的洪水，属峰高、量大的单峰过程，而且其发生时间在 8 月末 9 月初，对工程较为不利；1998 年洪水属于全流域性大洪水，长江上游各主要支流 5～8 月的洪水总量都大大高于均值，金沙江高62%，嘉陵江高 42%，长江干流寸滩以上高 35%，洪量与 1954 年相当[3]。两场洪水调度后水库坝前水位及流量过程见图 5.3，由图可知，这两场实测洪水过程在现有调度规则下均可以安全地调蓄。

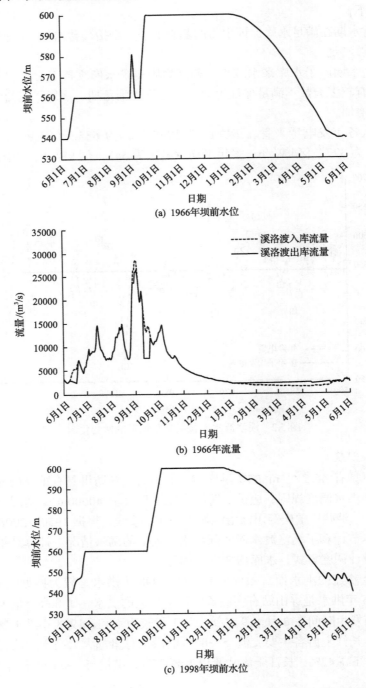

(a) 1966年坝前水位

(b) 1966年流量

(c) 1998年坝前水位

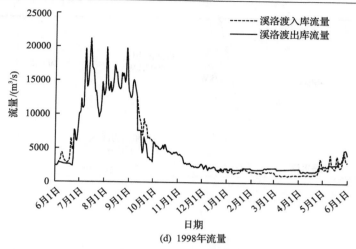

(d) 1998年流量

图 5.3　典型洪水情况下溪洛渡水库坝前水位及流量过程

5.1.2　向家坝水库设计调度方式分析

1. 基本情况及设计调度方式

向家坝水库位于金沙江下游峡谷出口的川滇交界河段，地处云贵高原向四川盆地的过渡地带，是金沙江最下游一级电站，电站上距溪洛渡坝址 156.6km，下距水富县城 1.5km，距宜宾市 33km，控制流域面积 45.88 万 km^2，约占金沙江流域面积的 97%，多年平均流量 4630m^3/s，多年平均年径流量 1460 亿 m^3。向家坝水库具有发电、航运、防洪、拦沙、灌溉和梯级反调节等综合效益。水库正常蓄水位 380m，死水位 370m，总库容 61.63 亿 m^3，调节库容 9.03 亿 m^3，具有不完全年调节能力。电站装机容量 640 万 kW，多年平均发电量 307.5 亿 kW·h。

向家坝水库的调度原则为：汛期 6 月中旬～9 月上旬按汛限水位 370m 运行，9 月中旬开始蓄水，9 月底蓄至正常蓄水位 380m；10～12 月一般维持在正常蓄水位或在附近运行；12 月下旬～6 月上旬为供水期，一般在 4、5 月来水较丰时段回蓄部分库容，至 6 月上旬末库水位降至 370m。

具体调度规则见图 5.4，由图可知：

(1)汛期(6 月 11 日～9 月 10 日)水库在汛限水位运行，承担防洪任务。向家坝是溪洛渡下游梯级水库，两库控制流域面积和控制洪水比重相近，区间流域面积仅占控制流域面积的 1%，溪洛渡水库容积大、预留防洪库容大，两库联合对下游进行防洪应以溪洛渡的调度为主，可以沿引溪洛渡单独运用时的防洪调度方式。

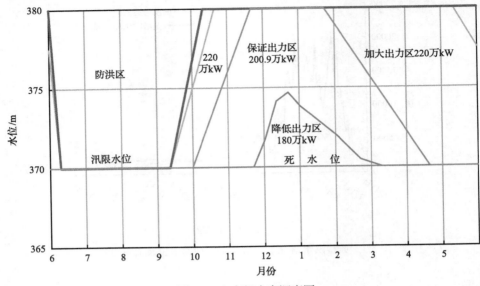

图 5.4　向家坝水库调度图

(2)向家坝库水位消落深度 10m,调节库容 9.03 亿 m^3,对水量的调蓄能力较弱,水头价值高。根据金沙江枯水期来水稳定和电站发电过流能力很强的特点,在大多数比设计枯水年来水要丰的年份,枯水期适当延长高水位运行历时、推迟水位消落时间,以争取对水头的充分利用,增发电量。

(3)向家坝机组增容后,额定水头提高到 100m,为减少容量受阻,汛后库水位应尽快充蓄至 376.5m 以上,枯水期库水位一般也应尽量维持在 376.5m 以上。

(4)6 月份为金沙江初汛期,受天然来水随机性和上游调节水库汛初逐步回蓄的影响,向家坝有些年份的较枯来水延续到 6 月上、中旬,且随着上游水库调节库容的增大,来水进一步减小,枯水流量出现的概率也明显增多。考虑到经上游水库调蓄后 5 月份来水量较大,为尽可能减少 6 月上、中旬电站出力的破坏次数及降低破坏深度,5 月份库水位需逐步回蓄,至月底充蓄到高水位甚至正常蓄水位。

(5)受上游水库汛后蓄水影响,向家坝 9 月中、下旬的入库流量明显减少,年平均旬流量比 5 月份还小,有些年份的来水甚至小于枯水季节,对向家坝汛后及时回蓄影响较大。

(6)经向家坝水库调节后,电站应按满足设计保证率的保证出力向电力系统正常供电,满足 1200m^3/s 航运基荷流量要求。

2. 设计调度方式对水库运用目标的影响

1)水库蓄满情况

按照向家坝水库设计调度方式,水库自 9 月 11 日蓄水,9 月 20 日蓄至正常蓄水位 380m。本节分别在天然径流条件和考虑上游溪洛渡水库调蓄两种工况下，计算了向家坝水库按照此调度方式运行时的蓄满情况。

（1）天然径流条件下向家坝水库按照此设计调度方式运行没有出现蓄不满的情况。

（2）考虑溪洛渡水库调蓄后，由于溪洛渡水库蓄水期为 9 月 11 日起至月底，与向家坝蓄水时间重叠，经统计 9 月份向家坝水库实际入库流量因溪洛渡蓄水较天然径流条件下减少约 15.3%，因而考虑溪洛渡建库后，向家坝蓄水期末有 8 年蓄不满，占统计年份的 13.6%，如表 5.1 所示。

表 5.1　上游溪洛渡建库前后向家坝水库蓄满情况统计

项目	天然径流条件	经溪洛渡调蓄后
蓄水期末无法达到 380m 的年数/年	0	8
占统计年份比例/%	0	13.6
9 月份月平均流量/(m³/s)	9319	7896

2）发电

发电效益是向家坝水库综合运用的首要目标。由于向家坝的水库库容相对较小，水库的调节库容仅为 9.03 亿 m³，电站保证出力 206 万 kW，其发电效益较溪洛渡水库小。本节分别在天然径流条件和考虑上游溪洛渡水库调蓄后两种工况下，计算了向家坝水库发电效益变化情况。向家坝水库长系列年均发电量变化见图 5.5，表 5.2 同时给出了两种工况下年内不同时段发电量的变化情况。

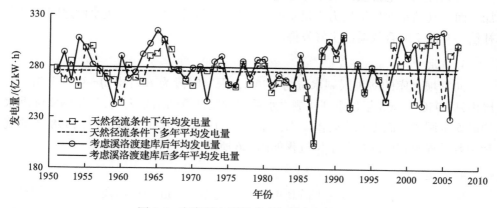

图 5.5　向家坝水库长系列年均发电量变化

由图 5.5 和表 5.2 可知，天然径流条件下向家坝多年平均发电量约为 275.3 亿 kW·h；考虑溪洛渡水库调蓄后，蓄水期向家坝水库入库流量减少，因而 9 月份发电量减少了 5.7 亿 kW·h；枯水期由于溪洛渡水库补水的作用，发电量有所增加，约为 14.1 亿 kW·h；全年综合体现出的结果为，溪洛渡水库建库后向家坝水库发电量略有增加，增加值为 3.9 亿 kW·h。

表 5.2　溪洛渡建库前后向家坝水库不同时段发电量变化情况（单位：亿 kW·h）

发电量变化	9 月份发电量变化 ($E_{上游建库} - E_{上游不建库}$)	枯水期发电量变化 ($E_{上游建库} - E_{上游不建库}$)	全年发电量变化 ($E_{上游建库} - E_{上游不建库}$)
数值	−5.7	14.1	3.9

两种工况下向家坝水库枯水期保证出力的满足情况见表 5.3。统计结果表明，天然径流条件下，向家坝水库枯水期有较多天数无法满足保证出力，1950～2008 年中共有 7840 天出现低于保证出力 206 万 kW 的情况；考虑溪洛渡调蓄后，枯水期来流增加，发电出力低于保证出力的情况明显减少，低于保证出力天数共 6911 天。

表 5.3　溪洛渡建库前后向家坝低于保证出力天数统计表

项目	溪洛渡建库前	溪洛渡建库后
低于保证出力总天数/天	7840	6911
年均低于保证出力天数/天	133	117
枯水期发电量/(亿 kW·h)	88.9	103.1

由此可见，上游溪洛渡水库运用后，不仅下游向家坝水库的年发电量有所增加，而且其枯水期保证出力满足状况也明显改善。这体现了梯级水库之间的水力补偿，有助于综合效益的更好发挥。

3）防洪

向家坝水库的防洪限制水位为 370m，限制时段为 6 月中旬～9 月上旬。对屏山站 1950～2008 年长系列实测洪水系列调度计算的结果表明，历年的实际洪水均能安全调蓄，满足水库防洪要求。金沙江的典型洪水年 1966 年、1998 年的流量调蓄过程及相应的坝前水位过程如图 5.6 所示。

4）航运

向家坝水库位于金沙江下游新市镇—宜宾 104.5km 通航河段上，其中坝址以上通航里程 72.5km，坝下距水富港 2.5km，距宜宾港 32km。目前，水富—宜宾 30km 航段按 V 级航道标准进行维护，规划为 III 级航道；水富以上近于 V 级航道。为满足下游航道的航深、航宽要求以及生产生活和生态用水要求，向家坝水库最小下泄流量为 1200m³/s。

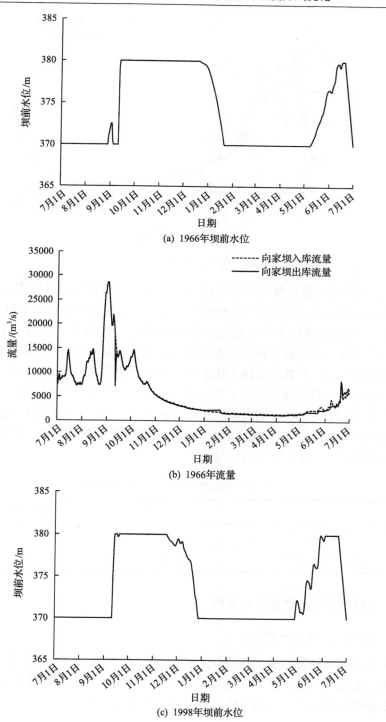

(a) 1966年坝前水位

(b) 1966年流量

(c) 1998年坝前水位

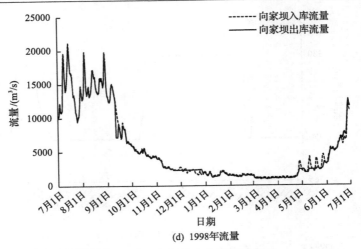

(d) 1998年流量

图 5.6 典型年坝前水位及流量过程

长系列径流调度计算结果表明(表 5.4),按照水库设计调度方式,天然径流条件下向家坝水库有 25 年下泄流量小于 1200m³/s,出现通航破坏的年份占统计年份的 42.4%;考虑溪洛渡水库调蓄后,向家坝水库仅有 2 年下泄流量小于 1200m³/s,占统计年份的 3.4%,较之向家坝水库单独运用时明显好转。这是由于向家坝水库下游通航破坏情况基本都出现在枯水期,天然情况下枯水期流量较小,下泄流量低于 1200m³/s 的情况较常发生;经溪洛渡水库调蓄之后,由于上游水库对下游具有枯水期补水作用,枯水期向家坝入库流量增加,因此上游建库后通航破坏情况较向家坝水库单独运用时明显减少。可见,上游建库可以缓解向家坝枯水期下泄流量无法满足最低通航要求的情况。

表 5.4 向家坝下游航运破坏情况统计

项目	天然来流入库	溪洛渡下泄流量入库
低于 1200m³/s 年份/年	25	2
占统计年份的比例/%	42.4	3.4

5.1.3 三峡水库设计调度方式分析

1. 基本情况及设计调度方式

长江三峡水利工程是治理和开发长江的关键工程,位于宜昌上游约 40km,具有防洪、发电、航运、灌溉、供水等巨大综合效益,其中以防洪为主,在防洪的基础上兼顾其他效益。三峡水库主要特征指标如表 5.5 所示。

表 5.5　三峡水库主要特征指标

项目	特征值	备注
正常蓄水位/m	175	初期 156
防洪限制水位/m	145	初期 135
枯水期消落低水位/m	155	初期 145
设计洪水位/m	175	1000 年一遇洪水位
总库容/亿 m³	393	
防洪库容/亿 m³	221.5	

　　三峡水库径流调节和发电计算均遵循水库调度图，调度图综合考虑防洪、航运、泥沙等方面因素。拟定的三峡水库正常调度方式为(图 5.7)：汛期 6～9 月一般按防洪限制水位运行；10 月初开始蓄水，至 10 月底蓄至正常水位；一般情况下，1～4 月为水库供水期，库水位不低于枯水期消落低水位，5 月底库水位消落至枯水期消落低水位，6 月上旬末库水位降至防洪限制水位。具体发电运行规则如下。

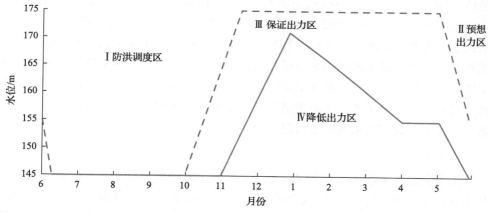

图 5.7　三峡水库 175m-145m-155m 设计方案水库调度图

　　(1)计算时段全部按天进行发电计算。下一时段来水假定已知，先根据时段初库水位按调度规则决定时段平均发电出力，再根据时段末库水位修正出力值。

　　(2)在汛期 6～9 月水库维持防洪限制水位 145m 运行，发电服从防洪。防洪按对枝江流量进行补偿调节的方式进行，即控制湖北沙市水位不超过 45.0m，遇 20 年一遇洪水时，可将枝江流量控制在 51700～56700m³/s(相应沙市水位为 44～44.5m)；遇 100 年一遇洪水时，枝江流量可控制在 56700～60600m³/s(相当于控制宜昌站下泄流量 55000m³/s，相应沙市水位为 44.5～45.0m)。

（3）在枯水期 11～4 月，库水位在保证出力区一般按保证出力发电，若水库已充蓄至正常蓄水位 175m，则按来水流量发电；库水位在装机预想出力区则按预想出力发电；库水位在降低出力区则采用低于保证出力的值发电至枯水期消落低水位 155m，若水库已放空至 155m 水位则按来水流量发电。5 月底库水位消落至枯水期消落低水位，6 月上旬末库水位降至防洪限制水位 145m。

2. 调度方式对水库运用目标的影响

自 20 世纪六七十年代开始，三峡水库特征水位的确定经过了长期的论证，最终确定了 175m-145m-155m 的设计调度运用方式，蓄水时间定为每年的 10 月 1 日。但 20 世纪 90 年代以来，长江上游来水过程发生变化，尤其汛末 9～11 月来水普遍偏少，尤其是随着上游水库的修建和陆续投入使用，上述问题更加严重[4]。为充分发挥水库综合效益，根据水利部编制的《三峡水库优化调度方案》，三峡水库试验蓄水 175m 运行期，蓄水时间提前至 9 月份，具体提前日期视来水情况而定。因此，本节除了探讨三峡水库设计调度方式外，对于目前三峡水库实际调度中采用的提前蓄水方案(这里设定为提前蓄水至 9 月 1 日、提前蓄水至 9 月 15 日两种情况)也进行了分析。具体做法如下：首先，根据溪洛渡和向家坝水库的运用方式，采用屏山站 1950～2002 年资料，对上述两库联合运用进行了调洪发电计算，得到了上游水库下泄流量过程；其次，考虑到三峡水库来流变化受上游水库拦蓄的影响，利用上游无库时的来流过程减去上游两库拦蓄造成的来流的变化，得到了考虑上游建库后的三峡水库 1950～2002 年的来流过程；最后，利用新的三峡水库来流过程，分析了考虑上游溪洛渡和向家坝运用情况下的三峡水库蓄满情况及防洪、发电、航运需求的满足情况。

1）蓄满情况

由于上游溪洛渡水库和向家坝水库的蓄水，三峡水库 9、10 月份来流减少，其中 9 月 11～30 日日均流量减少了 3301.5m³/s，10 月份日均流量减少了 189m³/s。考虑上游溪洛渡、向家坝水库调蓄后，1950～2002 年系列三峡水库不同蓄水方案下的水库蓄满情况见表 5.6。

（1）上游无库的情况下，三峡水库 10 月 1 日蓄水方案总共有 38 年不能在 10 月底蓄满，占统计年数的 71.7%，其中有 3 年无法在年内蓄满；上游溪洛渡、向家坝建库后，10 月底蓄不满的年数为 39 年，占统计年数的 73.6%，其中有 2 年无法在年内蓄满，并且 10 月底的蓄水位也有所下降。经统计，在 10 月底未能蓄满的年份中，上游无库情况下 10 月底的平均水位为 171.9m，上游建库后，相应水位为 171.68m，平均降低了 0.22m。

表 5.6　三峡水库不同蓄水方案下的蓄满情况

蓄水方案	上游无库		上游建库	
	蓄水期末无法蓄满年数/年	年内无法蓄满年数/年	蓄水期末无法蓄满年数/年	年内无法蓄满年数/年
10 月 1 日蓄水	38	3	39	2
9 月 15 日蓄水	12	0	14	1
9 月 1 日蓄水	5	0	11	0

(2)若三峡水库 9 月 15 日蓄水,上游无库情况下,蓄水期末未能蓄满的年份为 12 年;考虑上游建库后,由于三峡水库与上游水库的蓄水时间重叠,蓄不满年份增加为 14 年,其中年内无法蓄满的年份为 1 年,并且未蓄满年份蓄水期末水位平均降低了 1.03m。

(3)若三峡水库 9 月 1 日蓄水,由于蓄水时间提前较多,天然情况下的 9 月份流量比 10 月份大,因而即使考虑上游溪洛渡、向家坝建库,三峡水库蓄满情况仍较 9 月 15 日蓄水与 10 月 1 日蓄水两种方案有明显改善。上游无库条件下,三峡水库蓄水期末达不到正常蓄水位的年份仅为 5 年;上游建库条件下,无法蓄满年份增加至 11 年,但年内基本均可蓄满。

2)防洪

无论是设计调度方案还是提前蓄水方案,三峡水库的汛期防洪调度方式都一致,只是汛限水位持续时间有所差异。设计调度方式下,水库汛期 6～9 月份一直维持防洪限制水位 145m 运行,只有当来流大于枝江流量 56700m³/s 时(对应的宜昌下泄流量约为 55000m³/s),为了荆江河段的防洪安全才使用防洪库容来拦蓄洪水。按照上述三峡水库不同蓄水方案,本节在上游金沙江溪洛渡和向家坝水库蓄水运用后,通过径流调度计算,分析了上游建库情况下三峡水库的防洪保障情况。长系列(1950～2002 年)的调洪计算结果表明,对于考虑上游水库调蓄后的实测洪水,三峡水库各方案均能安全调蓄。三峡水库的典型洪水过程有 1954 年、1981 年、1982 年、1998 年等,而 1966 年洪水对金沙江段影响较大,但经过河槽调蓄和长距离演进后,并不是三峡区段的典型洪水。为与上游梯级水库对比,这里仍分别给出了 1966 年、1998 年两场典型洪水经三峡水库各方案调蓄后的流量过程及其坝前水位变化,见图 5.8～图 5.10。

3)发电

上游溪洛渡和向家坝水库蓄水运用后,蓄水期来流量的减少将导致三峡水库在蓄水期发电量的减少;而与之相反,上游两水库兴建对枯水期的出力是有利的,由于上游水库在枯水期的调节作用,三峡水库枯水期来流量增大,从而导致三峡水库枯水期的发电量增加;此外,6 月份溪落渡水库从死水位向汛限水位抬升会

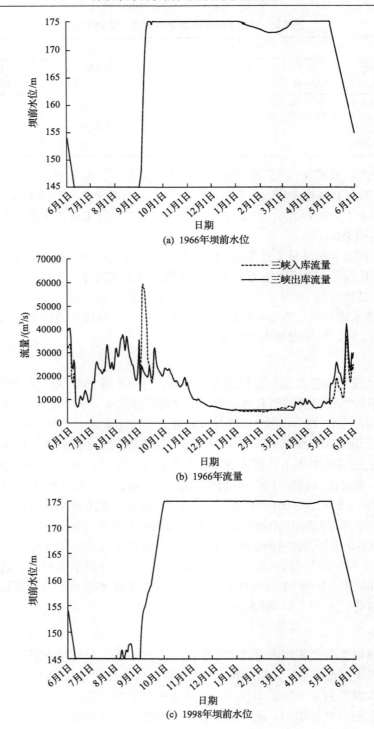

(a) 1966年坝前水位

(b) 1966年流量

(c) 1998年坝前水位

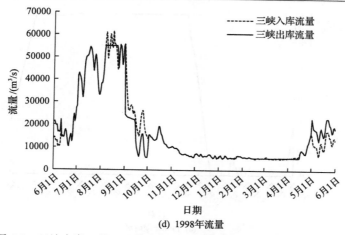

(d) 1998年流量

图 5.8　三峡水库 9 月 1 日蓄水方案下典型洪水坝前水位及流量过程

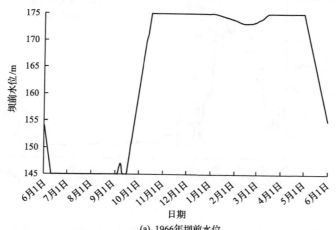

(a) 1966年坝前水位

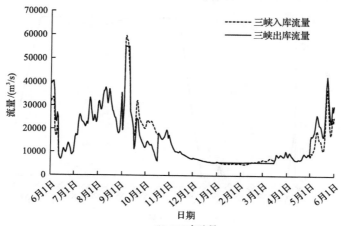

(b) 1966年流量

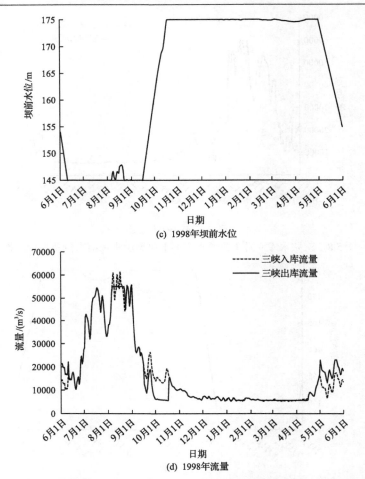

(c) 1998年坝前水位

图 5.9　三峡水库 9 月 15 日蓄水方案下典型洪水坝前水位及流量过程

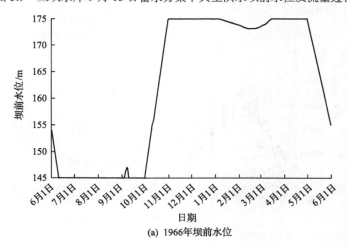

(a) 1966年坝前水位

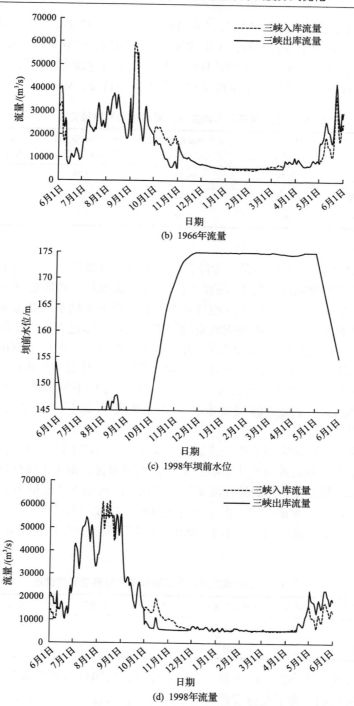

(b) 1966年流量

(c) 1998年坝前水位

(d) 1998年流量

图 5.10　三峡水库 10 月 1 日蓄水方案下典型洪水坝前水位及流量过程

拦截上游来水，使三峡水库入库流量 6 月份平均减少 597m³/s，从而导致三峡水库发电量减少；但全年综合来看，上游水库蓄水运用后，三峡水库总体发电效益有所增加，如表 5.7 所示。长系列计算结果显示，上游建库可以使得三峡水库年发电量增加，各方案年平均发电量的增加量在 6 亿～11 亿 kW·h。

表 5.7 上游建库后不同蓄水方案年平均发电量变化（单位：亿 kW·h）

计算方案	9、10 月发电量变化 ($E_{上游建库} - E_{上游不建库}$)	枯水期发电量变化 ($E_{上游建库} - E_{上游不建库}$)	6 月发电量变化 ($E_{上游建库} - E_{上游不建库}$)	全年发电量变化 ($E_{上游建库} - E_{上游不建库}$)
10 月 1 日蓄水	−5.71	19.23	−2.28	11.13
9 月 15 日蓄水	−9.36	18.84	−2.28	7.09
9 月 1 日蓄水	−10.3	19.25	−2.28	6.56

4）航运

三峡水库的上下游航运是水库综合效益的重要组成部分[5-7]。对于库区航运而言，要保证万吨级船队直航重庆的时间。对于下游航运，则需要增加下泄流量，一方面，保证宜昌通航水位能够维持并改善长江中下游枯水期航道条件；另一方面，在蓄水期满足下游浅滩冲刷流量的需求。三峡水库建成后，要保证葛洲坝下游引航道设计通航水位 39m（庙咀），宜昌最小下泄流量应保持在 5600m³/s 以上；根据三峡水库水位消落期航运要求，在枯水期 1～4 月份坝前水位要保持 155m以上以保证变动回水区通航；为了维持蓄水期长江中下游河段浅滩退水冲刷，保障航道畅通，应航道部门要求，三峡水库蓄水期下泄流量应尽量保证在8000m³/s 以上。

上游溪洛渡、向家坝水库兴建后，改变了天然条件下的年内径流过程，必然对三峡水库下游航运效益产生影响：对于蓄水期而言，由于上游建库后三峡水库蓄水期入库流量减少，与天然径流条件下相比，蓄水期下泄流量小于 8000m³/s 的天数增多；对于枯水期而言，由于上游溪洛渡、向家坝水库的补水作用，枯水期下泄流量有较大幅度的增加，小于 5600m³/s 的天数急剧减少，下游航道条件趋于改善（表 5.8）。

表 5.8 设计调度方式下三峡水库航运要求满足情况   （单位：天）

设计调度方式	蓄水期下泄流量小于 8000m³/s 的天数	枯水期下泄流量小于 5600m³/s 的天数
天然来流	718	110
考虑上游建库	729	23

综上所述，溪洛渡、向家坝、三峡水库联合运用对各水库防洪、发电、航运效益均有所影响。为了充分发挥梯级水库的综合效益，应协调各水库蓄水时机组合，通过对蓄水时间的优化，实现梯级效益的最大化。梯级水库调度方式的优化

应以不增加泥沙淤积、不降低防洪标准为前提，寻求水库群长期发电效益的最大化，因而必须首先明确防洪问题及泥沙问题对水库调度方式的制约作用。

5.2　溪洛渡、向家坝梯级水库防洪影响分析

5.2.1　金沙江暴雨洪水特性分析

金沙江流域洪水主要由暴雨形成。每年汛期受西南季风的控制及东南季风的影响，暖湿气流不断输入本流域，降雨逐渐增多，一般年份上游雨季开始时间早于下游，雨区也自上游向下游移动发展。影响本流域降水的天气系统有西太平洋副热带高压（以下简称副高）、川滇切变线、西南低涡、赤道辐合带等。50kPa 高度上出现的副高，其强弱及位置的变化是流域降水差异的主要原因。入夏以后，在 6 月中旬～7 月上旬，副高第一次西伸北跳，脊线位置稳定在 20°N～25°N；7月中旬，副高第二次北跳，脊线稳定在 30°N 附近；8 月下旬副高脊线开始南撤东退，随着副高的减弱和南撤，金沙江流域逐渐被副高西北侧的西南气流所控制，各中小尺度降水系统趋于活跃，更有利于本区域的降水；9 月上旬副高脊线南撤到 25°N，其强度和位置相对稳定，影响金沙江流域降水的中小尺度天气系统相对减少。与天气系统变化相对应，金沙江的降雨主要集中在两大雨区，即高原雨区和中下游雨区。高原雨区的特点是强度小、历时长、面积大、雨区多呈纬向带状分布，所形成的洪水涨落相对平缓、量大、历时长，对下游洪水起垫底作用。中下游雨区的特点是雨强大，历时相对较短，暴雨呈多中心分布，其中心多在石鼓—金江街、雅砻江下游和牛栏江一带，对下游洪水起造峰作用。金沙江流域汛期降水多为连续过程，较大洪水主要由连续暴雨形成，其暴雨过程多为两次以上的天气过程，一次天气过程产生的暴雨在上游历时 1～3 天，中下游 3～6 天。降雨强度上、中、下游相差较大，由于地形的影响，上游地区降雨面广，中下游地区暴雨中心多而分散，降雨强度总的趋势仍然是由上游向下游递增，与之相对应所形成的洪峰、洪量也呈上述趋势。

实际资料统计表明，金沙江流域 5～10 月的降水量占全年的 80% 以上，其中7、8 月为全年降水量最多的月份。为了分析汛末降雨情况，根据云南省、四川省的气象资料，本书统计了金沙江的中、下段，东起丽江，西至屏山，包括雅砻江下段在内的 12 个站点，历年 8 月下旬～9 月下旬的多年平均旬降水量情况，如表5.9 所示。由表可知，该地区降雨自 8 月份开始总体呈下降趋势，呈现出 8 月下旬多、9 月上旬少、9 月中旬多、9 月下旬少的鞍形分布特点。

本流域地域辽阔，暴雨中心分散，各场次降雨多连续发生，加之流域形状狭长、汇流时间长，因此洪水多连续发生，上游多为单峰型洪水，下游多为双峰式复式峰型洪水，经统计，屏山站年最大单峰型洪水过程一般约 22 天，复式峰型洪

表 5.9　金沙江中、下段 8 月下旬~9 月下旬多年平均旬降水量统计表（单位：mm）

时间	丽江	攀枝花	元谋	东川	巧家	宁南	金阳	雷波	屏山
8 月下旬	65.4	58.8	47.0	33.2	35.8	419	453	482	772
9 月上旬	45.0	42.9	32.3	17.1	24.0	351	352	349	415
9 月中旬	49.3	45.5	41.1	31.6	50.4	800	551	446	446
9 月下旬	43.7	37.5	30.5	37.4	44.9	551	339	244	278

水过程一般 30~50 天。屏山站 60 年实测资料统计：年最大洪峰最早出现在 6 月
（1994 年 6 月 23 日），最晚出现在 10 月（1989 年 10 月 20 日），以出现在 7~9 月
为最多，占总次数的 93.4%，实测年最大洪峰系列的最大值为 29000m³/s（1966 年
9 月 2 日），最小值为 10500m³/s（1967 年 8 月 8 日），两者之比仅为 2.76，年际变
化相对不大。据实测水文资料，屏山站各月最大流量发生频次统计见表 5.10，各
主要测站多年平均洪峰、洪量见表 5.11。石鼓站以上、石鼓站—小得石站—屏山
站区间及小得石以上同步资料分析表明，石鼓站以上洪水在屏山站所占份额比较
稳定，约占 29%，各时段几乎无变化，但所控制的流域面积却占屏山站的 46.7%。
石鼓站—小得石站—屏山站区间产洪量占屏山站的 30%~33%，随时段的增长有
上升趋势，而所控制流域面积占屏山站的 27.8%。雅砻江小得石以上来洪量占屏
山站的 37%~40%，且随时段的增长呈下降趋势，但流域面积却仅占屏山站的
25.5%，所以干流石鼓站以下和支流雅砻江是屏山站洪水的主要来源。

表 5.10　屏山站各月最大流量发生频次统计表

项目	6 月	7 月	8 月	9 月	10 月	全年
发生次数/次	2	15	25	16	2	60
占总数百分比/%	3.3	25.0	41.7	26.7	3.3	100.0

表 5.11　金沙江、雅砻江干流主要测站多年平均洪峰、洪量统计表

项目	沱沱河站	直门达站	石鼓站	攀枝花站	小得石站	屏山站
平均洪峰 Q_m/(m³/s)	274	2030	5050	6890	6920	17100
1 日洪量 W_1/亿 m³	0.2	1.7	4.3	5.8	5.8	14.4
3 日洪量 W_3/亿 m³	0.5	4.9	12.2	16.6	16.3	41.9
7 日洪量 W_7/亿 m³	1.1	10.5	26.5	36.1	34.2	91.0
15 日洪量 W_{15}/亿 m³	1.8	19.9	51.4	70.1	65.0	175.0
30 日洪量 W_{30}/亿 m³	2.9	34.8	91.0	123.0	113.0	306.0

为进一步分析汛期洪水发生过程，表 5.12 给出了屏山站 1939~2009 年各年首大、次大、第三大洪峰在各旬中的分布情况。由表可知，汛期各月洪水发生次数存在明显差异，其中 6 月和 10 月发生洪水次数较少，洪水主要发生在汛期 7~9 月。从表中数据来看，7 月中、下旬，8 月上、中、下旬以及 9 月上旬是洪水发生的主要时段。而这与降雨情况基本一致，只不过略有延迟。9 月上旬以后洪水已开始呈下降趋势，不仅次数少，而且量级不大。

表 5.12　屏山站 6~10 月各旬年首大、次大、第三大洪峰发生次数

洪峰情况	6月			7月			8月			9月			10月		
	上旬	中旬	下旬	上旬	中旬	下旬	上旬	中旬	下旬	上旬	中旬	下旬	上旬	中旬	下旬
首大次数/次	0	0	2	2	6	7	8	12	5	10	2	4	1	1	0
次大次数/次	0	0	1	3	12	6	7	7	5	9	6	2	0	2	0
第三大次数/次	0	0	1	5	6	8	11	7	4	4	3	2	1	1

综上所述，金沙江溪洛渡—向家坝水库的洪水主要集中在主汛期 7、8 月份，由于降雨的减少，9 月份的洪水已较 7、8 月份大幅度消减，9 月上旬以后，后续来水相对较小，因此，从防洪的角度考虑，金沙江水库蓄水时间在 9 月 10 日以后较为合适。

5.2.2　与下游川江洪水遭遇分析

溪洛渡和向家坝水库设计时，重要任务之一是保证川江防洪安全，尤其是宜宾、重庆等重点城市的防洪安全。2014 国家颁布的《防洪标准》(GB 50201—2014)规定，川江上的宜宾、泸州、重庆等城市，要争取达到规定的 50~100 年一遇的标准。因此，上述水库在设计时，其防洪调度重点考虑了李庄站流量过程的影响，一旦李庄站的流量大于 40000m³/s，则水库要发挥拦洪功能，以保障下游防洪安全。在屏山以下，李庄站以上，川江的主要汇入支流是岷江。岷江的暴雨最早出现在 4 月，主要集中在 6~9 月，尤其是 7、8 月份，占全年的 80%左右。岷江流域内有著名的青衣江暴雨区和麓山头暴雨区。汛期暴雨洪水活动频繁，汇流迅速，涨落较快，洪峰持续时间中游一般为 1~2h，下游 3~4h。宜宾市李庄站(水文站)控制流域面积 61.24 万 km²，金沙江屏山站控制流域面积 45.86 万 km²，岷江高场站控制流域面积 13.54 万 km²，横江上横江站控制流域面积 1.42 万 km²，分别占李庄站流域面积的 74.9%、22.1%和 2.3%。宜宾市李庄 10 年实测最大洪水，只有 1966 年和 1974 年洪水由金沙江控制，8 次为金沙江与岷江洪水相重。因此，宜宾市防洪应从两江洪水组合考虑。根据金沙江的屏山站、岷江的高场站以及两江汇

合口下游川江干流的李庄站的实测资料，这里重点分析金沙江和岷江洪水的遭遇情况。

根据历史文献考证和实地调查，金沙江屏山站 19 世纪以来发生大于 1966 年洪水的历史洪水共 5 次，岷江高场站 1763 年以来发生大于 1961 年洪水的历史洪水共 3 次。两站历史洪水出现年份无一相同，说明金沙江与岷江历史洪水出现时间未发生遭遇。在屏山站、高场站 1950～2002 年实测系列中，年最大洪峰流量未出现发生遭遇的情况。但随着时间的延长，两江洪水遭遇(洪水过程出现重叠)的概率增大。表 5.13 给出了屏山站、高场站最大时段洪量与李庄站发生遭遇的年数统计。由表可知，在李庄站 1951～2002 年年最大 1 日、3 日、7 日洪量系列中，屏山站各最大时段洪量与李庄站发生遭遇的年份是由少而多，而岷江高场站各最大时段洪量与李庄站发生遭遇的年份是由多而少。这与金沙江洪水具有历时长、洪量大，而岷江洪水具有涨落快、持续时间短的特点一致。两江合成的洪水过程中，洪峰流量、1 日洪量以岷江为主，3 日以上洪量以金沙江为主，时段越长金沙江洪量比重越大。

表 5.13　屏山站、高场站最大时段洪量与李庄站发生遭遇的年数统计

测站	1 日		3 日		7 日	
	年数/年	占总年数比例/%	年数/年	占总年数比例/%	年数/年	占总年数比例/%
屏山站	5	9.4	17	32.1	33	62.3
高场站	24	45.3	20	37.7	16	30.2

5.2.3　溪洛渡、向家坝防洪目标及其对蓄水时间的制约

为保障下游川江防洪安全，溪洛渡、向家坝水库承担了重要的汛期防洪任务。本书在对金沙江流域暴雨洪水特性及遭遇分析的基础上，通过选取不同典型洪水过程，对设计调度方式下溪洛渡、向家坝水库调洪情况进行分析。

根据已有研究成果，考虑到金沙江与岷江洪水遭遇的特点、本河段发生的大洪水情况和宜宾市城市防洪的需要，本节选取了 1966 年、1981 年、1991 年、1998 年 4 个实测典型洪水过程。其中，1966 年洪水是屏山站有实测资料以来最大的洪水，属峰高、量大的单峰过程，其洪峰流量、1 日洪量、3 日洪量、7 日洪量、15 日洪量均为实测资料中的第一大值，是川江上段干支流过程遭遇的典型洪水，而且其发生时间在 8 月末 9 月初，对工程较为不利；1981 年洪水，长江干流与嘉陵江洪水发生了恶劣的遭遇，是川江中段干支流洪峰遭遇的典型洪水；1991 年洪水，金沙江由小到大出现了三个连续洪峰，岷江从大到小出现了两个连续洪峰，两江第一、二峰发生了遭遇，形成的洪峰流量居李庄站 50 年最大洪峰系列中的第二

位；1998 年，长江发生了全流域性大洪水，长江上游各主要支流 5～8 月的洪水总量都大大高于均值，金沙江高 62%，嘉陵江高 42%，长江干流寸滩以上高 35%，洪量与 1954 年相当。上述四个典型洪水基本概括了干支流洪水遭遇的组合情况，包括了干流为主、支流为主、干支流洪峰时程错开的各种典型，具有较全的代表性。

根据屏山站 1939～2009 年洪水系列，以及 1860 年、1892 年、1905 年、1924 年、1928 年、1966 年历史洪水共同组成不连续系列，历史洪水的考证期从 1813 年延至 2009 年共 197 年。进行频率计算后得到屏山站的洪水计算成果，其中频率 $P=2\%$ 的数据在已有频率基础上采用拟合方法得出，见表 5.14。

表 5.14　屏山站洪水计算成果表

项目	均值	各种频率计算值					
		$P=0.01\%$	$P=0.02\%$	$P=0.1\%$	$P=0.2\%$	$P=1\%$	$P=2\%$
洪峰流量 Q_m/(m³/s)	17900	52300	49800	43700	41200	34800	32300
1 日洪量 W_1/亿 m³	15	45	43	38	35	30	28
3 日洪量 W_3/亿 m³	44	129	123	108	102	86	80
7 日洪量 W_7/亿 m³	97	283	270	237	223	189	175
15 日洪量 W_{15}/亿 m³	186	526	502	443	418	355	331
30 日洪量 W_{30}/亿 m³	327	896	857	759	716	611	571

按照表 5.14 中参数，将典型年按照 1%、2%洪水频率进行放大。根据放大标准的不同，典型洪水过程的放大又可分为同倍比放大和同频率放大。同倍比放大法是用同一个放大倍比放大典型洪水，从而推求设计洪水过程线的方法，该方法计算简单，但常使设计洪水过程线的洪峰或洪量偏离设计值。而同频率放大法克服了这一缺点，同频率放大是在放大典型洪水过程线的时候，按洪峰和不同时段的洪量分别采用不同的倍比，使放大后的过程线洪峰流量和各时段洪量分别等于设计洪峰流量和设计洪量，尤其适合于调洪中峰、量均起重要作用的情况，本书采取同频率放大法来计算设计洪水过程，将典型洪水按照 30 日洪量放大，代入调度模型中进行调洪计算。

1）设计调度方式

图 5.11 和图 5.12 给出了设计调度方式下，上述典型年 1%、2%洪水的调洪过程。对于 1981 年、1991 年、1998 年型 1%洪水，在保证下游李庄流量不大于 40000m³/s（约 5 年一遇标准，目前宜宾的堤防防洪标准）时，溪洛渡、向家坝水库能够安全调蓄；而对于 1966 年洪水，由于洪峰靠后，1%洪水条件下，洪量较大，

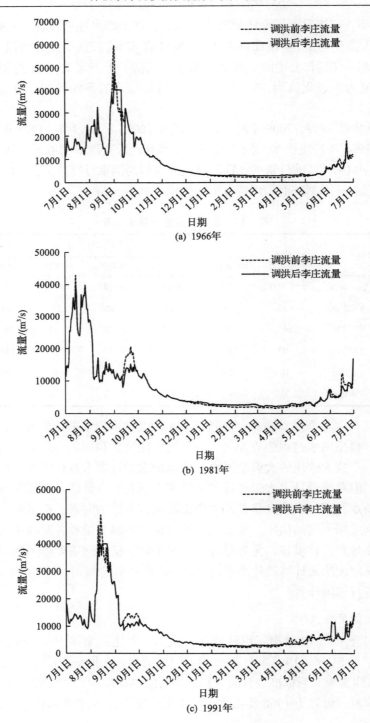

(a) 1966年

(b) 1981年

(c) 1991年

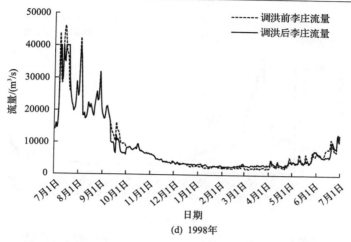

(d) 1998年

图 5.11　溪洛渡、向家坝水库 1%洪水调洪计算成果

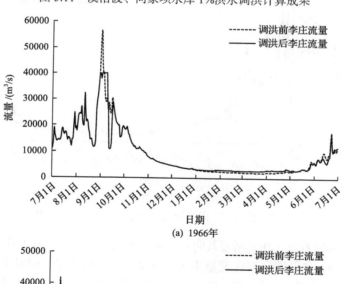

(a) 1966年

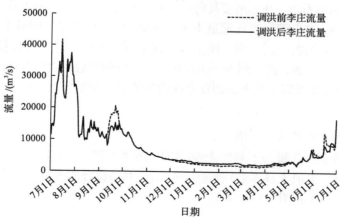

(b) 1981年

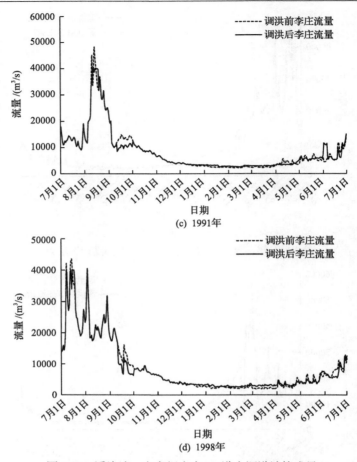

图 5.12　溪洛渡、向家坝水库 2%洪水调洪计算成果

由图 5.11(a)可以看出，在溪洛渡及向家坝水库调蓄后，仍有 9 月 1 日一天李庄流量大于 40000m³/s，难以满足李庄流量不大于 40000m³/s 的要求。而对于 2%洪水，上述年份均可安全调蓄。这说明，溪洛渡、向家坝水库的修建，可以使李庄防洪由目前的 5～20 年一遇，提高到 50～100 年一遇。但如果遭遇更大标准的洪水，则溪洛渡、向家坝水库难以满足下游川江李庄附近的堤防防洪要求，水库下泄流量将超过 40000m³/s。

2)提前蓄水对防洪的影响

下面以对金沙江最为不利的 1966 年 1%洪水为例，分析溪洛渡水库提前蓄水(9 月 6 日蓄水，提前 5 日蓄水)对防洪的影响，并与设计调度方式(9 月 11 日蓄水)进行对比(图 5.13 和图 5.14)。

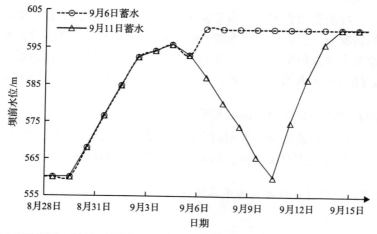

图 5.13　溪洛渡 9 月 11 日蓄水与 9 月 6 日蓄水方式下水库调洪时段坝前水位比较

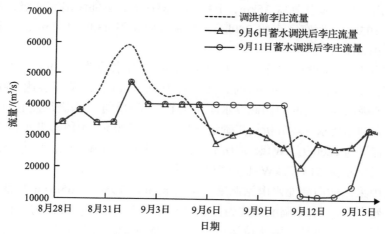

图 5.14　溪洛渡不同蓄水方案下调洪时段李庄流量对比

由对比结果可知，按照李庄流量不超过 40000m³/s 的标准，1966 年洪水发生于 8 月底 9 月初，从李庄流量超过 40000m³/s 算起，即 8 月 30 日开始 9 月 4 日结束，共 6 天，洪水持续时间长、洪量大。溪洛渡水库按照防洪调度规则进行调洪，即当李庄流量达到 40000m³/s 时，水库蓄水速率为 9500m³/s；当李庄流量达到 54500m³/s 时，水库蓄水速率为 11000m³/s，一直到水库蓄至防洪高水位。由图 5.14 可知，经溪洛渡调洪以后，仍有 9 月 1 日一天李庄流量大于 40000m³/s，无法完全将洪水拦蓄；洪峰过后，水库按照设计调洪方式泄水腾空库容，以迎接下一次洪水。

从水位变化情况看，设计蓄水方式下，水库逐步泄水至汛限水位，并于 9 月 10 日降至 560m，而后进入蓄水期，水位逐步抬高，在满足保证出力情况下蓄至正常蓄水位；提前蓄水方式下，由于蓄水提前至 9 月 6 日，即在水库防洪库容还没有腾空的情况下，直接进入蓄水期，9 月 6 日时段末即达到正常蓄水位，暴雨分析及洪水发生次数说明，8 月及 9 月上旬为大洪水频发期，提前蓄水造成防洪库容损失，加大了防洪风险，因此，这也说明了早于 9 月 11 日蓄水风险较大。

5.2.4 上游其他水库兴建对防洪的影响

本书以白鹤滩建成为例，并同时考虑了雅砻江上锦屏一级水库及已建成的二滩水库，研究上游建库对溪洛渡、向家坝水库防洪效益的影响。

1. 白鹤滩、锦屏一级及二滩水库概况

1）白鹤滩水库

白鹤滩水库是下游河段第二个梯级，位于金沙江下游四川省宁南县和云南省巧家县境内，距巧家县县城 35km，上接乌东德梯级，下邻溪洛渡梯级，距离溪洛渡水电站 195km，距宜宾市约 380km，控制流域面积 43.03 万 km^2，占金沙江流域面积的 91.0%[8]。

根据初步工程设计方案，白鹤滩水库正常蓄水位为 820m，相应库容为 179 亿 m^3；水库死水位为 760m 时，死库容为 79 亿 m^3，调节库容达 100 亿 m^3，可满足全梯级联合运行时对白鹤滩水库年调节库容的要求。为满足发电为主、兼顾防洪等综合利用要求，经分析初步确定汛限水位为 790m，预留防洪库容 56 亿 m^3。电站装机容量为 1200 万 kW（装机 16 台，单机容量 75 万 kW），保证出力 355 万 kW，多年平均发电量为 515 亿 kW·h，装机利用小时数为 4292h。

本书中采用的白鹤滩水电站调度方案为825m、795m、765m（正常蓄水位、汛限水位、死水位）。水库调度方式为：汛期 6 月开始电站以保证出力运行，蓄水至汛限水位后，水库维持汛限水位运行，9 月水库开始蓄水至正常蓄水位，12 月或次年 1 月水库开始供水，水位下降，至 5 月库水位消落至死水位。

2）二滩水库

二滩水电站位于四川省西南部的雅砻江下游，坝址距雅砻江与金沙江的交汇口 33km，距攀枝花市区 46km，系雅砻江梯级开发的第一个水电站，装机容量 330 万 kW（6×55 万 kW）。二滩水电站于 1987 年 9 月开始施工前期准备，1991 年 9 月 14 日主体工程开工，1993 年 11 月 26 日实现大江截流，1997 年 11 月 4 日导流洞下闸，1998 年 5 月 1 日水库开始蓄水，同年 8 月 18 日第一台机组并网发电，1999 年 12 月二滩水电站全部建成投产，2000 年工程建设全面完工。二滩水库控制流域面积 116400km^2，占向家坝坝址控制流域面积的 25.5%。水库正常蓄水位 1200m，发电最低运行水位 1155m，总库容 58 亿 m^3，调节库容 33.7 亿 m^3，属季调节水库。

二滩水电站从 6 月上旬在满足发电的前提下开始蓄水,直至蓄到汛期运行水位 1185m 高程,汛期维持此水位运行,汛后期从 9 月中旬开始蓄水,至 9 月下旬末蓄至正常蓄水位 1200m 高程,10 月份维持正常高水位运行。11~12 月份,水库应尽量维持高水位运行,按水库来水发电。年底水位保持在 1200m 高程附近。翌年 1~5 月库水位应缓慢均匀下降,尽量保持高水头运行。

3) 锦屏一级水库

锦屏一级水电站位于四川省凉山彝族自治州境内,是雅砻江干流自下而上的第五个梯级,距已建下游二滩水电站约 333km,坝址左岸为木里藏族自治县,右岸为盐源县。该电站坝址以上控制流域面积 10.26 万 km,占全流域的 75.3%,坝址多年平均流量 1220m³/s,多年平均年径流量约 385 亿 m³。锦屏一级、二滩两水库的总库容分别为 100 亿 m³ 和 58 亿 m³,两库在规划、设计中均未考虑承担防洪任务。锦屏一级水电站的开发任务是发电,兼有蓄洪、拦沙等作用。水库正常蓄水位 1800m 时的库容为 77.65 亿 m³,其中调节库容为 49.1 亿 m³,库容系数为 12.8%,具有年调节能力。电站总装机容量为 360 万 kW,枯水期平均出力 110.9 万 kW,设计多年平均年发电量为 174 亿 kW·h,年利用小时数为 4835h。

本书采用的锦屏一级水库运行方式为:5 月库水位消落至死水位 1800m,6 月开始水库按保证出力发电,余水蓄存,至 9 月底水库蓄至正常蓄水位 1880m。该方案综合考虑了水库运行方式及雅砻江暴雨出现时段,利用调节库容大的特点,可临时蓄滞洪水,有利于减轻沿江下游地区的洪灾损失。

2. 上游建库后溪洛渡入库径流过程变化

本书按照白鹤滩水库、二滩水库和锦屏一级水库的调度方式,根据屏山站 1950~2008 年水文系列,通过水库径流调节计算,得到了考虑白鹤滩水库、二滩水库以及锦屏一级水库运用的溪洛渡水库的入库径流过程。图 5.15、图 5.16 分别给出了 1966 年和 1998 年典型年下的上游无库和上游建库情况下的溪洛渡入库径流过程比较。

(1)与不考虑白鹤滩等水库时的天然径流过程相比,白鹤滩等建库后,汛期 6~9 月份流量减小,其中 6 月份和 9 月份流量减小得明显,而 7~8 月份的流量减小得相对较少。

(2)枯水期 1~4 月份由于上游水库的补水调节作用,流量有所增加。

(3)上述变化与上游水库的调度规则基本一致。由于白鹤滩水库库容较大,其对溪洛渡水库入库径流的影响较为明显。按照白鹤滩的调度方式,每年 6 月份蓄至防洪限制水位,9 月份蓄至正常蓄水位,7、8 月份维持防洪限制水位运行,因此,图 5.15 和图 5.16 中 6 月、9 月下泄流量均出现了较大幅度的减少。

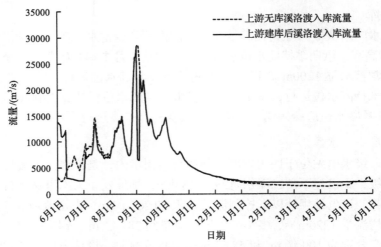

图 5.15　1966 年溪洛渡水库入库流量过程变化

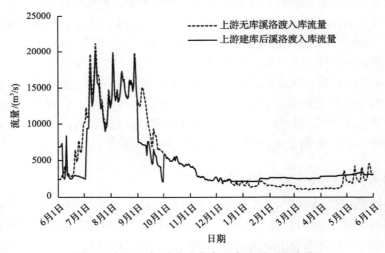

图 5.16　1998 年溪洛渡水库入库流量过程变化

（4）二滩与锦屏一级水库是支流雅砻江上的水库，其调度以发电为主，汛期 6～9 月份水库基本按保证出力发电，余水逐渐蓄满，因此，上游建库后溪洛渡入库流量过程在 7 月份、8 月份也存在减小的情况，不过相比 6 月份和 9 月份减少得不明显。由于汛期和汛末水库的蓄水，枯水期的溪洛渡入库流量过程较上游无库情况明显增加。

3. 上游建库后溪洛渡、向家坝水库调洪计算

上游白鹤滩、二滩、锦屏一级等干支流水库修建后，水库调节能力增强，尤其是白鹤滩水库拥有 56 亿 m³ 的防洪库容，二滩和锦屏一级水库在雅砻江暴雨出现时段也可利用调节库容大的特点临时蓄滞洪水，将进一步减轻下游川江防洪的压力。

根据考虑上游建库后的屏山站 1939～2009 年洪水系列，进行频率计算后得到溪落渡、向家坝梯级水库的设计洪水成果，如表 5.15 所示。

表 5.15　上游建库后溪洛渡、向家坝水库设计洪水成果表

项目	P=1%	P=2%
洪峰流量 Q_m/(m³/s)	32896	29928
1 日洪量 W_1/亿 m³	27.80	25.38
3 日洪量 W_3/亿 m³	77.44	70.62
7 日洪量 W_7/亿 m³	164.57	151.38
15 日洪量 W_{15}/亿 m³	324.75	293.38
30 日洪量 W_{30}/亿 m³	559.99	506.15

同样选取 1966 年、1981 年、1991 年、1998 年四个实测典型洪水过程，采取同频率放大法，将典型年按 1%洪水频率放大，进行调洪计算。溪洛渡水库 9 月 1 日蓄水、向家坝水库 9 月 1 日蓄水情况下的调洪结果见图 5.17。

调度结果表明，与上游无库情况下的溪洛渡、向家坝梯级水库调节后的李庄流量过程相比，考虑上游白鹤滩、二滩、锦屏一级水库的影响后，由于这些水库的调蓄作用，对于各典型年的 1%洪水，下游川江李庄流量均未超过 40000m³/s。由此可见，考虑上游白鹤滩、二滩、锦屏一级水库影响后，溪洛渡、向家坝梯级提前至 9 月 1 日蓄水，仍可以安全调蓄各型 100 年一遇洪水，上级水库的兴建不仅有助于防洪标准的提高，而且从防洪的角度而言，也有利于蓄水时间的优化。

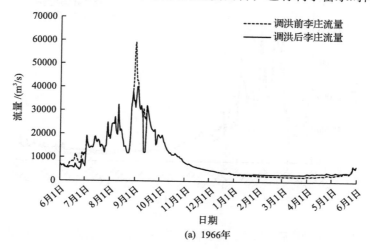

(a) 1966年

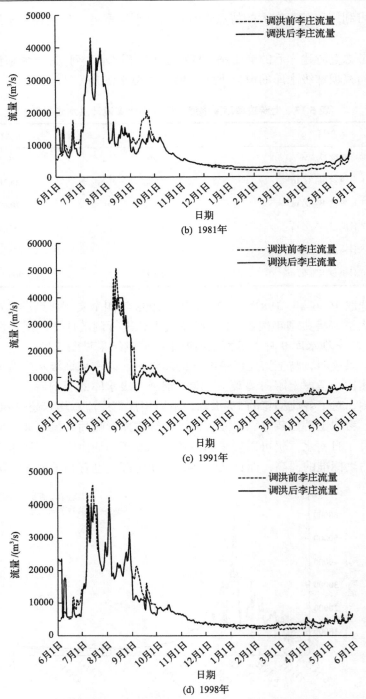

图 5.17　上游建库后溪洛渡、向家坝梯级运用条件下李庄流量过程（1%洪水）

5.3　泥沙淤积对蓄水时间的制约

为了明确泥沙淤积对溪洛渡、向家坝梯级水库蓄水时间的制约，本书利用一维非恒定流、非均匀沙的水沙数学模型研究溪洛渡、向家坝水库泥沙淤积随蓄水时间变化的关系。该模型对水流方程采用线性化的 Preissmann 四点偏心隐格式，计算精度满足水利工程计算要求。泥沙方程采用"相临时层之间用差分法离散，在同一时间层上求分析解"的方法，能够同时满足精度和计算量的要求。方程的具体离散格式及模型关键问题，如床沙质、冲泻质分界粒径判别，非均匀沙水流挟沙力计算，床沙级配调整等均详见文献[9]和[10]。

5.3.1　模型验证

由于金沙江河段相关实测资料缺乏，该模型主要采用三峡水库蓄水后实测资料进行验证，并在此基础上，将溪洛渡、向家坝水库设计调度方案的泥沙淤积计算成果与已有研究成果进行对比，以此来间接检验模型的可靠性。

1）三峡水库蓄水后实测资料验证

三峡水库验证河段上起朱沱，下至三斗坪，全长约 756.3km。以 2006 年地形为起始地形，上边界为朱沱站的实测日均水沙系列，下边界为庙河实测水位过程，沿程考虑主要的支流嘉陵江和乌江的入汇，均采用同时段的相应水沙过程。本节根据 2006～2008 年的实测资料，验证了沿程主要测站的水位、流量过程，并采用输沙量法验证了分段淤积量。图 5.18 为沿程主要测站的水位、流量过程计算值与实测值比较。从图中可以看出，各个站点的水位、流量过程吻合得较好。表 5.16

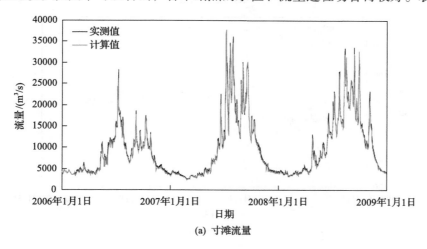

(a) 寸滩流量

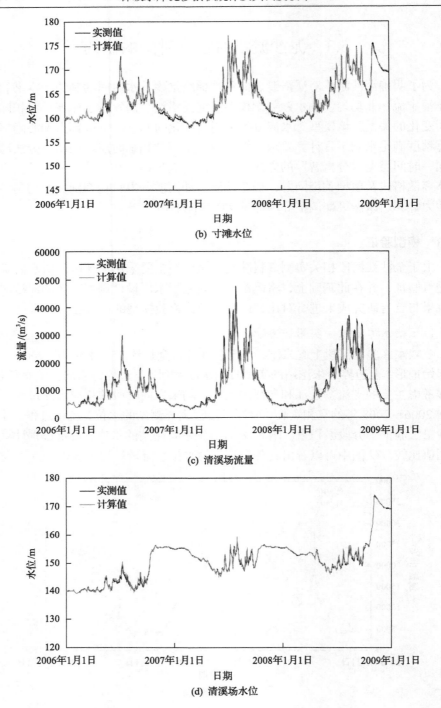

(b) 寸滩水位

(c) 清溪场流量

(d) 清溪场水位

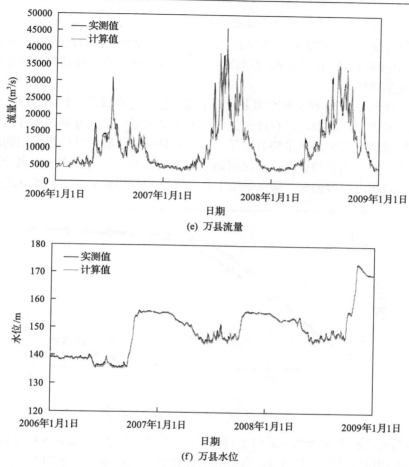

(e) 万县流量

(f) 万县水位

图 5.18　三峡水库沿程典型测站水位、流量过程验证

表 5.16　库区部分河段冲淤量实测值与计算值对比　（单位：10⁸t）

年份	朱沱—寸滩		寸滩—清溪场		清溪场—万县		万县—大坝	
	实测	计算	实测	计算	实测	计算	实测	计算
2006	0.08	0.07	0.16	0.16	0.48	0.49	0.39	0.39
2007	0.19	0.2	0.04	0.06	0.96	0.94	0.70	0.71
2008	0.15	0.16	0.27	0.26	0.84	0.84	0.73	0.73
总计	0.42	0.43	0.47	0.48	2.28	2.27	1.82	1.83

为部分分段淤积量计算值与实测值的对比结果，结果同样表明计算精度符合泥沙冲淤计算模拟要求，能够合理地反映三峡水库 2006～2008 年的实际冲淤情况。以上验证结果表明，所建模型能够反映该河段水库兴建后的水沙运动特点，满足计算精度的需求。

2) 与溪洛渡、向家坝设计论证成果对比

本节对溪洛渡、向家坝水库单独运行时，采用设计论证阶段所用到的 1964～1973 年水沙系列（以下简称 64 系列）进行了长系列的计算并将其与设计论证阶段的有关成果进行对比。

图 5.19 给出了向家坝水库本书计算成果与已有计算成果[11]的对比图。对比结果表明，本书计算成果与已有计算成果在平衡淤积量、淤积发展过程方面基本一致，前期淤积过程中淤积量略有差异，这主要是由于已有计算成果采用的调度方式中考虑了对大洪水的调度，因而前期淤积量较未发生防洪运用的本书计算成果偏大，随着防洪库容损失、防洪效果下降，水库达到初步平衡后二者逐渐接近。

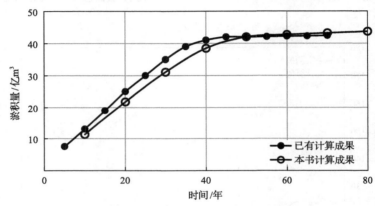

图 5.19　向家坝水库计算成果对比图

本书溪洛渡水库计算成果与已有计算成果[12]的对比情况见表 5.17。由表可知，在相同的调度方式下，本书与已有研究的计算成果比较接近，前 30 年最大差别也不超过 1.60%。这也间接说明了本书计算成果的可靠性。

表 5.17　溪洛渡相同条件下计算成果对比表

项目	10 年	20 年	30 年
已有计算成果/亿 m³	13.20	26.50	39.10
本书计算成果/亿 m³	13.17	26.09	38.69
对比结果/%	0.23	1.55	1.05

5.3.2　蓄水时间变化对泥沙淤积的影响

1) 不考虑白鹤滩

不考虑上游其他水库兴建的条件下，溪洛渡、向家坝水库百年末淤积量与蓄水时间的关系见图 5.20 和图 5.21。溪洛渡、向家坝水库达到初步平衡后，泥沙淤积量随着蓄水时间的推迟而减少、随着蓄水时间的提前而增加，但泥沙淤积随蓄水时间的变化幅度存在着临界现象，汛限水位持续一定时间后泥沙淤积随蓄水时间的变化幅度趋缓，这与 2.2.1 节研究成果一致。对于溪洛渡水库，临界时间为 9 月 11 日，在此基础上蓄水时间如果提前 10 天至 9 月 1 日，泥沙淤积量增加约 4%，蓄水时间推迟 10 天至 9 月 21 日，泥沙淤积量仅减少 1.7%；对于向家坝水库，临界时间为 9 月 1 日，若与设计方案(9 月 11 日)相比较，虽然提前 10 天但淤积量仅增加 0.7%。由此可见，若不考虑上游其他水库的兴建，向家坝水库提前至 9 月 1 日蓄水对泥沙淤积的影响并不明显，但溪洛渡水库不宜进一步提前蓄水。

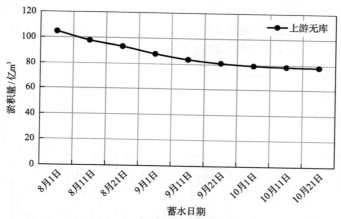

图 5.20　溪洛渡水库泥沙淤积随蓄水时间变化图

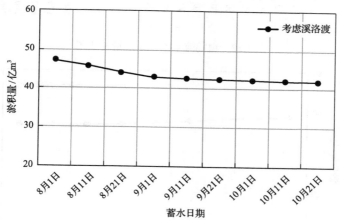

图 5.21　向家坝水库泥沙淤积随蓄水时间变化图

2) 考虑白鹤滩

白鹤滩水库库容大、拦沙能力强、平衡时间长，其建成后将显著改变溪洛渡水库的入库沙量(图 5.22)，将大部分上游来沙拦在了库内，减少了下游溪洛渡、向家坝库区的泥沙来量，而且下泄泥沙级配明显细化。如 3.2.1 节所述，这将大大减缓下游梯级水库的淤积速度，在考虑白鹤滩影响的条件下，溪洛渡、向家坝水库达到初步平衡的时间分别为 160 年与 180 年。考虑到实际情况，本书仅研究 100 年内溪洛渡、向家坝水库在上游建库后泥沙淤积随蓄水时间的变化情况，见图 5.23 和图 5.24。白鹤滩建库后，对于溪洛渡水库，蓄水时间较设计方案提前 10 天至 9 月 1 日，淤积量增加 1.8%，若较设计方案提前 20 天，淤积量将增加 4%；对于向家坝水库，若与设计方案（9 月 11 日）相比较，蓄水时间提前 10 天至 9 月 1 日，淤积量仅增加 0.8%，若提前至 8 月 21 日，淤积量也仅增加 1.5%，若提前至 8 月 11 日，淤积量增加 2.7%。对比不考虑白鹤滩建库的相关结论，本书以淤积量增加不超过 2% 为标准，认为溪洛渡、向家坝水库蓄水时间可分别提前至 9 月 1 日和 8 月 21 日，百年末淤积量增加较设计方案不超过 2%。

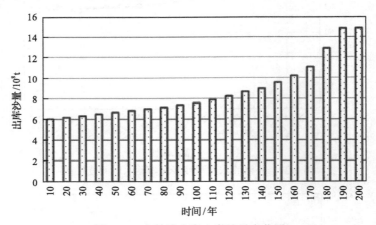

图 5.22　白鹤滩水库出库沙量变化图

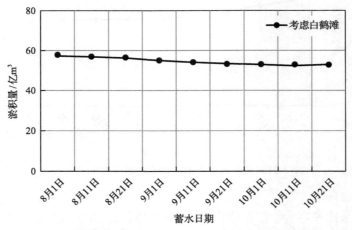

图 5.23　白鹤滩建库后溪洛渡水库百年末淤积量随蓄水时间变化图

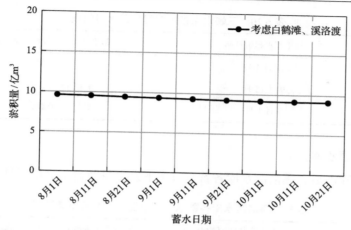

图 5.24　白鹤滩建库后向家坝水库百年末淤积量随蓄水时间变化图

5.4　梯级调度方式组合对水库发电效益的影响

综合防洪及泥沙问题对水库蓄水时间的约束作用，若不考虑上游白鹤滩水库的兴建，溪洛渡、向家坝水库不宜进一步提前蓄水；考虑上游白鹤滩等水库兴建后，溪洛渡、向家坝蓄水时间均提前至 9 月 1 日，仍可以满足现有防洪标准且泥沙淤积变化不大。由此可见，考虑白鹤滩等水库兴建的条件下，溪洛渡、向家坝水库蓄水时间具有进一步优化的空间。本节将在考虑上游建库的条件下，分析蓄水时间组合对水库效益的影响。表 5.18～表 5.20 设计了溪洛渡、向家坝、三峡水库的不同蓄水方案和蓄水时间表。

表 5.18　溪洛渡水库蓄水方案和蓄水时间表

蓄水方案	每年蓄水起始日期	蓄水起始时间与原设计方案比较
溪 9.1	9 月 1 日	提前 10 天蓄水
溪 9.11	9 月 11 日	原设计方案

表 5.19　向家坝水库蓄水方案和蓄水时间表

蓄水方案	每年蓄水起始日期	蓄水起始时间与原设计方案比较
向 9.1	9 月 1 日	提前 10 天蓄水
向 9.11	9 月 11 日	原设计方案
向 9.16	9 月 16 日	推迟 5 天蓄水
向 9.21	9 月 21 日	推迟 10 天蓄水
向 10.1	10 月 1 日	推迟 20 天蓄水

表 5.20　三峡水库蓄水方案和蓄水时间表

蓄水方案	每年蓄水起始日期	蓄水起始时间与原设计方案比较
三 10.1	10 月 1 日	原设计方案
三 9.15	9 月 15 日	提前 15 天蓄水
三 9.1	9 月 1 日	提前 30 天蓄水

5.4.1　溪洛渡水库

白鹤滩建库后，溪洛渡水库各蓄水方案下发电量及蓄不满情况见表 5.21。

表 5.21　溪洛渡水库各蓄水方案下发电量及蓄不满情况

蓄水方案	溪洛渡水库发电量/(亿 kW·h)	蓄水期末未蓄满年数及全年蓄不满年数/年
溪 9.1	560.2	19/0
溪 9.11	561.4	11/1

溪洛渡水库 9 月 1 日蓄水（即溪 9.1 蓄水方案，其余蓄水方案含义相似，不再一一标注）与设计蓄水方案（9 月 11 日蓄水）相比，9 月 11 日蓄水发电量略大，年均发电量增加了 1.2 亿 kW·h，且水库在蓄水期末蓄满的年数也略多。由此可见对于溪洛渡水库而言，较之 9 月 1 日蓄水，9 月 11 日蓄水更优。这主要是因为白鹤滩水库 9 月 1 日蓄水，溪洛渡水库 9 月 1 日蓄水与之重叠，而 9 月 11 日蓄水能够适当错开蓄水时间，取得更大的发电效益。这也说明，对于梯级水库中的某一级水库而言，并不一定蓄水时间越早发电效益越大，其还受上级水库蓄水时机的制约。

5.4.2　向家坝水库

各蓄水方案下向家坝水库发电量、蓄不满年数及航运情况见表 5.22 和表 5.23。

表 5.22　溪洛渡 9 月 1 日蓄水时向家坝各蓄水方案发电量、蓄不满年数及航运情况

蓄水方案	向家坝水库发电量/(亿 kW·h)	蓄水期末未达到 380m 年数及全年蓄不满年数/年	枯水期水库下泄流量小于 1200m³/s 天数/天
向 9.1	288.5	27/0	13
向 9.11	288.4	26/0	13
向 9.16	288.7	16/0	13
向 9.21	288.7	8/0	13
向 10.1	286.4	2/0	13

表 5.23　溪洛渡 9 月 11 日蓄水时向家坝各蓄水方案发电量、蓄不满年数及航运情况

蓄水方案	向家坝水库发电量/(亿 kW·h)	蓄水期末未达到 380m 年数及全年蓄不满年数/年	枯水期水库下泄流量小于1200m³/s 天数/天
向 9.1	290.7	9/0	13
向 9.11	289.9	21/0	13
向 9.16	289.8	22/0	13
向 9.21	289.6	25/0	13
向 10.1	288.4	3/0	13

　　考虑到白鹤滩、溪洛渡等上游水库的影响，向家坝水库不同蓄水方案中，溪洛渡 9 月 11 日蓄水、向家坝 9 月 1 日蓄水方案的发电量最大，年均发电量为 290.7 亿 kW·h；溪洛渡 9 月 1 日蓄水、向家坝水库 10 月 1 日蓄水方案的蓄满状况最好，仅有 2 年无法在蓄水期末蓄满，但其发电量略小，年均发电量为 286.4 亿 kW·h。

　　由此可见，对应溪洛渡不同蓄水时间，向家坝水库发电效益随蓄水时间的变化也各不相同：若下级水库蓄水时间早于上级水库，则其蓄水时间越早发电效益越大；若下级水库蓄水时间晚于上级水库，则下级水库并非蓄水时间越早发电效益最大，而是需与上级水库错开一定时间，才能实现发电效益的最大化。

5.4.3　三峡水库

　　三峡水库是上游梯级的出口控制水库，其水库蓄满情况及发电效益等受上游水库的制约。各方案下三峡水库发电量、蓄不满年数及航运情况见表 5.24～表 5.26。

表 5.24　三峡水库 9 月 1 日蓄水时发电量、蓄不满年数及航运情况

蓄水方案	三峡水库发电量/(亿 kW·h)	蓄水期末未达到 175m 年数及全年蓄不满年数/年	蓄水期下泄流量小于8000m³/s 天数/天	枯水期下泄流量小于5600m³/s 天数/天
溪 9.1 向 9.1	865.6	13/0	563	0
溪 9.1 向 9.11	865.7	12/0	562	0
溪 9.1 向 9.16	865.7	13/0	561	0
溪 9.1 向 9.21	865.7	13/0	555	0
溪 9.1 向 10.1	865.9	12/0	535	0
溪 9.11 向 9.1	866.3	16/0	549	0
溪 9.11 向 9.11	866.2	17/0	559	0
溪 9.11 向 9.16	866.3	17/0	572	0
溪 9.11 向 9.21	866.3	18/0	571	0
溪 9.11 向 10.1	866.4	16/0	541	0

表 5.25　三峡水库 9 月 15 日蓄水时发电量、蓄不满年数及航运情况

蓄水方案	三峡水库发电量 /(亿 kW·h)	蓄水期末未达到 175m 年数及全年蓄不满年数/年	蓄水期下泄流量小于 8000m³/s 天数/天	枯水期下泄流量小于 5600m³/s 天数/天
溪 9.1 向 9.1	853.2	15/1	510	0
溪 9.1 向 9.11	853.0	15/1	512	0
溪 9.1 向 9.16	852.7	15/1	512	0
溪 9.1 向 9.21	852.7	15/1	513	0
溪 9.1 向 10.1	852.6	18/1	509	0
溪 9.11 向 9.1	851.2	15/1	561	0
溪 9.11 向 9.11	850.7	16/1	572	0
溪 9.11 向 9.16	850.3	16/1	587	0
溪 9.11 向 9.21	850.2	16/1	599	0
溪 9.11 向 10.1	850.1	18/1	583	0

表 5.26　三峡水库 10 月 1 日蓄水时发电量、蓄不满年数及航运情况

蓄水方案	三峡水库发电量 /(亿 kW·h)	蓄水期末未达到 175m 年数及全年蓄不满年数/年	蓄水期下泄流量小于 8000m³/s 天数/天	枯水期下泄流量小于 5600m³/s 天数/天
溪 9.1 向 9.1	831.5	38/1	737	9
溪 9.1 向 9.11	831.4	38/1	737	9
溪 9.1 向 9.16	831.5	38/1	737	9
溪 9.1 向 9.21	831.5	38/1	737	9
溪 9.1 向 10.1	830.5	38/2	788	9
溪 9.11 向 9.1	830.0	38/2	756	10
溪 9.11 向 9.11	830.8	38/2	756	10
溪 9.11 向 9.16	830.7	38/2	756	10
溪 9.11 向 9.21	830.7	38/2	756	10
溪 9.11 向 10.1	829.9	38/3	799	10

　　对于三峡水库 9 月 15 日蓄水和 10 月 1 日蓄水方案，上游溪洛渡水库、向家坝水库蓄水时间越早、与三峡水库蓄水时间错开得越多（即溪洛渡 9 月 1 日蓄水、向家坝 9 月 1 日蓄水），三峡水库发电量越大，同时水库蓄满情况和蓄水期下泄流量满足情况也越好；对于三峡水库 9 月 1 日蓄水方案，上游溪洛渡、向家坝水库蓄水时间与三峡水库错开得越多（即溪洛渡 9 月 11 日蓄水、向家坝 10 月 1 日蓄水），三峡水库发电量越大，但从有利于三峡水库蓄满与蓄水期下游通航的角度看，最优的则是溪洛渡 9 月 1 日蓄水、向家坝 10 月 1 日蓄水。

综合比较，三峡水库 9 月 1 日蓄水，而上游溪洛渡水库 9 月 11 日、向家坝水库 10 月 1 日蓄水，三峡水库发电量最大，发电效益达到 866.4 亿 kW·h。此时，水库有 16 年未能在蓄水期末蓄满，但年内均能蓄满；蓄水期下泄流量小于 8000m³/s 的天数也仅为 541 天，占全部天数的 2.8%，枯水期下泄流量均能满足 5600m³/s 的要求。

综上所述，下级水库发电效益，受到上级水库调度方式及其对径流调节的影响。仅对下级水库而言，并非蓄水时间越早发电效益越大，而需与上级水库蓄水时间错开一点时间，才能达到发电效益的最大化。但就水库群整体发电效益而言，则需通过联合优化调度，来实现梯级水库群发电效益的最大化。

5.5　梯级水库水沙联合优化调度

5.5.1　模型目标及约束条件

本节运用第 4 章建立的梯级水库水沙联合优化调度模型，对上游建库条件下，溪洛渡、向家坝、三峡水库汛后蓄水时间进行优化调度。优化的具体目标为寻求三个水库满足各自约束条件的最优汛后蓄水时间组合。

优化模型为

$$F = \max[E_{溪洛渡}(T_{溪洛渡}) + E_{向家坝}(T_{向家坝}) + E_{三峡}(T_{三峡})] \tag{5-1}$$

式中，E 为发电效益；T 为汛后蓄水时间。

其主要约束条件如下。

(1)水位约束遵循各水库调度图。

(2)对于溪洛渡与向家坝水库，流量约束为当李庄流量未达到 40000m³/s，而寸滩流量达到 53100m³/s 时，水库蓄水流量为 3000m³/s；当李庄流量达到 40000m³/s 时，水库蓄水流量为 9500m³/s；当李庄流量达到 54500m³/s 时，水库蓄水流量为 11000m³/s，一直到水库蓄至防洪高水位；在退水段，当李庄流量小于 33500m³/s 时，水库在时段来流的基础上逐步加大下泄流量，并控制李庄流量不超过 40000m³/s，在调洪过程中要求满足发电约束条件；其中向家坝枯水期下泄流量不少于 1200m³/s。

(3)三峡水库流量约束为汛期下泄流量不超过 55000m³/s；枯水期下泄流量不少于 5600m³/s。

(4)受资料限制，对于三峡水库变动回水区航运约束，本书仅考虑青岩子河段航道条件变化，由 3.3.3 节研究可知该河段淤积发展速度越慢、淤积量越小，碍航时间出现得越晚，因而可以将设计方案下青岩子河段出现碍航时金川碛右汊沙湾与麻雀堆淤沙区淤积量作为约束条件，若优化方案下青岩子河段同时刻沙湾与麻雀堆淤积量均超过约束条件，则认为不满足约束。

(5) 长期利用约束为溪洛渡、向家坝水库 100 年末调节库容淤积量小于某一设定值，即 $W^t < W^t_{设定}$。根据有关对三峡水库泥沙淤积与汛后蓄水时间关系的研究成果，一定范围内提前汛后蓄水时间对三峡水库泥沙淤积总量影响较小，并考虑上游水库的拦沙作用，因而本书在联合优化调度中采用已有研究成果，认为对于三峡水库泥沙约束可自动满足。

5.5.2 模型求解

1. 泥沙淤积拟合计算

用一维水沙数学模型计算得到大量 $T_{溪洛渡}$、$T_{向家坝}$ 组合对应的溪洛渡、向家坝水库调节库容淤积量 $W_{溪洛渡}$、$W_{向家坝}$，并以其作为样本在神经网络中进行训练。如果同时对 $W_{溪洛渡}$ 和 $W_{向家坝}$ 用一个神经网络拟合，由于神经网络参数需要同时使得 $W_{溪洛渡}$ 和 $W_{向家坝}$ 的计算误差最小，训练的速度慢且效果不好，加之溪洛渡水库调节库容淤积量并不受下游向家坝水库蓄水时间的影响，因此本书对 $W_{溪洛渡}$ 和 $W_{向家坝}$ 分别用不同的神经网络进行训练和拟合。

对不同 $T_{溪洛渡}$ 对应的溪洛渡水库调节库容淤积量 $W_{溪洛渡}$ 计算样本用神经网络拟合，平均误差仅为 0.20%，最大误差为 1.57%[①]。结果见表 5.27 和图 5.25、图 5.26。用神经网络对不同 $T_{溪洛渡}$、$T_{向家坝}$ 下向家坝水库调节库容淤积量 $W_{向家坝}$ 计算样本进行拟合，平均误差仅为 0.13%，最大误差为 4.78%。结果见表 5.28 和图 5.27、图 5.28。

运用二维水沙数学模型计算得到大量 $T_{溪洛渡}$、$T_{向家坝}$、$T_{三峡}$ 组合对应的青岩子河段沙湾、麻雀堆淤沙区泥沙淤积量，并以其作为样本在神经网络中进行训练。结果见图 5.29 和图 5.30，最大误差为 5%，平均误差仅为 0.4%。

表 5.27 神经网络训练数据溪洛渡蓄水时间及其淤积量（单位：亿 m³）

$T_{溪洛渡}$	一维计算值	神经网络拟合值	$T_{溪洛渡}$	一维计算值	神经网络拟合值
9 月 1 日	13.83	13.78	10 月 10 日	9.74	9.76
9 月 11 日	12.33	12.52	10 月 16 日	9.66	9.66
9 月 16 日	11.88	11.88	10 月 21 日	9.54	9.60
9 月 21 日	11.08	11.17	10 月 25 日	9.57	9.57
9 月 26 日	10.56	10.56	10 月 28 日	9.55	9.55
10 月 1 日	10.28	10.14	11 月 1 日	9.42	9.53
10 月 6 日	9.88	9.88			

---

① 最大误差是在一维计算值和神经网络拟合值保留四位有效数字时计算的，所以与表 5.29 的计算结果略有出入。

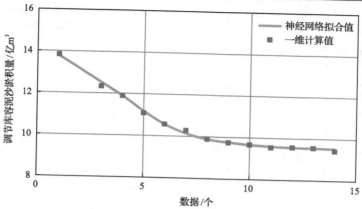

图 5.25　溪洛渡调节库容泥沙淤积量神经网络训练结果

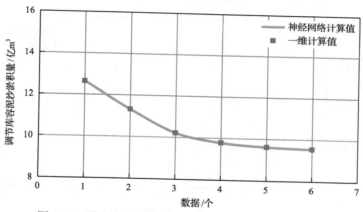

图 5.26　溪洛渡调节库容泥沙淤积量神经网络测试结果

表 5.28　溪洛渡、向家坝蓄水时间与向家坝水库淤积量（单位：亿 m³）

$T_{溪洛渡}$	$T_{向家坝}$	一维计算值	神经网络拟合值	$T_{溪洛渡}$	$T_{向家坝}$	一维计算值	神经网络拟合值
9 月 1 日	9 月 1 日	0.150	0.150	10 月 1 日	10 月 1 日	0.060	0.060
9 月 1 日	9 月 11 日	0.080	0.079	10 月 1 日	11 月 1 日	0.030	0.031
9 月 1 日	10 月 1 日	0.040	0.040	10 月 11 日	9 月 1 日	0.340	0.338
9 月 1 日	11 月 1 日	0.030	0.030	10 月 11 日	9 月 11 日	0.200	0.200
9 月 11 日	9 月 1 日	0.220	0.220	10 月 11 日	10 月 1 日	0.070	0.069
9 月 11 日	9 月 11 日	0.100	0.100	10 月 11 日	11 月 1 日	0.040	0.040
9 月 11 日	10 月 1 日	0.050	0.049	11 月 1 日	9 月 1 日	0.350	0.348
9 月 11 日	11 月 1 日	0.030	0.031	11 月 1 日	9 月 11 日	0.210	0.211
10 月 1 日	9 月 1 日	0.320	0.319	11 月 1 日	10 月 1 日	0.080	0.078
10 月 1 日	9 月 11 日	0.180	0.180	11 月 1 日	11 月 1 日	0.030	0.031

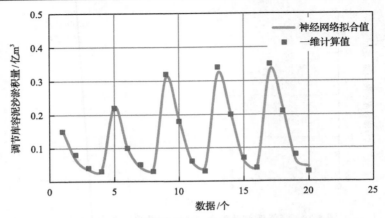

图 5.27　向家坝调节库容泥沙淤积量神经网络训练结果

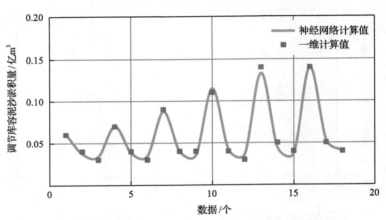

图 5.28　向家坝调节库容泥沙淤积量神经网络测试结果

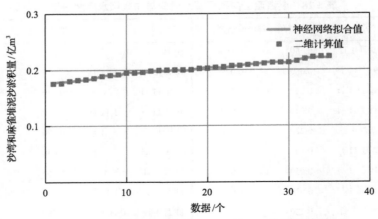

图 5.29　沙湾和麻雀堆泥沙淤积量神经网络训练结果

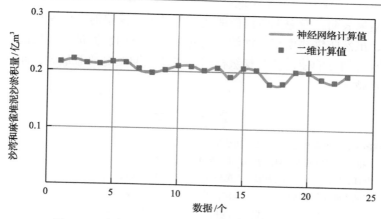

图 5.30　沙湾和麻雀堆泥沙淤积量神经网络测试结果

2. 优化结果

将训练过的神经网络模型用于梯级水库调度模型泥沙淤积的计算，考虑白鹤滩拦沙作用下优化得到的蓄水日期组合分别为溪洛渡水库 9 月 11 日蓄水、向家坝水库 9 月 1 日蓄水以及三峡水库 9 月 1 日蓄水。具体优化结果如表 5.29 和表 5.30 所示。

表 5.29　溪洛渡、向家坝、三峡梯级水库优化计算成果表

泥沙约束/亿 m³		航运约束/亿 m³	蓄水日期			发电量/(亿 kW·h)			总发电量/(亿 kW·h)
$W_{溪洛渡}$	$W_{向家坝}$		溪洛渡	向家坝	三峡	溪洛渡	向家坝	三峡	
13.83	0.15	0.2	9 月 11 日	9 月 1 日	9 月 1 日	561.4	290.7	866.3	1718.4

表 5.30　优化方案下发电量随淤积变化表　　　（单位：亿 kW·h）

水平年/年	溪洛渡水库	向家坝水库	三峡水库	总发电量
0	561.47	289.96	866.27	1717.70
10	558.85	289.96	866.30	1715.11
20	559.00	289.96	866.33	1715.29
30	559.36	289.96	866.35	1715.67
40	559.66	289.96	866.37	1715.99
50	559.67	289.96	866.39	1716.02
60	559.63	289.96	866.41	1716.00
70	559.58	289.96	866.42	1715.96
80	559.85	289.96	866.44	1716.25
90	559.62	289.96	866.46	1716.04
100	559.50	289.96	866.48	1715.94
多年平均	559.65	289.96	866.38	1715.99

　　优化结果表明，考虑上游白鹤滩建库条件下，溪洛渡、向家坝入库径流过程发生变化，虽然防洪约束与泥沙约束均允许蓄水时间能够进一步提前，但需协调各水库蓄水时间方能使得整个梯级枢纽群整体长期发电效益最大，而并非各水库均越早蓄水越好。

参 考 文 献

[1] 盛海洋. 我国十二大水电基地[J]. 长江水利教育, 1998(2): 51-54.

[2] 程念高. 中国的十二大水电基地[J]. 水力发电, 1999, 10: 24-27.

[3] 肖天国. 金沙江、岷江洪水遭遇分析[J]. 人民长江, 2001, 32(1): 30-34.

[4] 武汉大学. 三峡水库提前蓄水调度方案研究[R]. 武汉: 武汉大学, 2006.

[5] 林秉南. 长江三峡工程小丛书——工程泥沙[M]. 北京: 水利电力出版社, 1992.

[6] 刘清泉, 李家春, 周济福. 三峡水库的工程泥沙与优化运行[J]. 力学与实践, 2000(22): 1-10.

[7] 水利部科技教育司, 交通部三峡工程航运领导小组办公室. 长江三峡工程泥沙与航运关键技术研究专题研究报告[M]. 武汉: 武汉工业大学出版社, 1993.

[8] 李国强. 发挥白鹤滩水利枢纽优势促其早日开发[J]. 华东水电技术, 1995(3): 1-6.

[9] 谢鉴衡. 河流模拟[M]. 北京: 水利电力出版社, 1990.

[10] 李义天, 吴伟民. 三峡工程变动回水区(平面二维及一维嵌套)泥沙数学模型研究及初步应用[M]//水利部科技教育司. 长江三峡工程泥沙与航运关键技术研究专题研究报告(下册). 武汉: 武汉工业大学出版社, 1993.

[11] 胡艳芬, 吴卫民, 陈振红. 向家坝水电站泥沙淤积计算[J]. 人民长江, 2003(4): 36-38.

[12] 谭建, 何贤佩. 溪洛渡水库拦沙及其对下游的影响研究[J]. 水电站设计, 2003(2): 60-63.

第6章 结　语

6.1　结　论

泥沙淤积是在多沙河流上修建水库后必然出现的问题，而我国水库泥沙淤积尤为严重。泥沙淤积及其分布影响水库综合效益的发挥，决定着水库的使用寿命及调度方式的选择，对泥沙问题的认识往往关系到工程兴建的成败。当前我国绝大多数河流已经形成或规划形成了梯级滚动开发的态势，大型水库群的建设将显著改变水沙组合条件，这种变化既包括短时间尺度的径流变化、长时间尺度的泥沙缓慢冲淤，也包括水沙之间的相互耦合作用。水沙变化必然引起水库冲淤形态调整，对防洪、发电、航运等将产生一系列复杂的影响。因此研究梯级水库泥沙淤积规律及其调度技术对梯级水库群实现长期有效运行、获取最大综合效益具有重要的现实意义。

本书首先从一般的水库冲淤规律着手，探讨了水库单独运行泥沙淤积与水沙条件的响应关系，在此基础上研究了梯级累积作用下水库纵剖面及局部典型河段演变特点，进而通过分析梯级作用对水库综合利用目标与长期使用的影响，明确了梯级水库调度方式优化的基本原则并建立了梯级水库水沙联合优化调度模型，最后运用该模型对溪洛渡、向家坝、三峡梯级水库设计调度方式进行了水沙联合优化。取得的主要研究成果归纳如下。

6.1.1　水库泥沙淤积规律与排沙比研究

（1）三峡水库蓄水后实测资料分析表明，全沙排沙比随流量的增大呈先增大后减小的趋势，最大排沙比通常对应中间偏大的某个流量级，这是由于含沙量一般与流量的高次方成正比，相对于洪峰而言，沙峰峰型往往更为消瘦、沙峰消落快、洪峰消落慢，从而决定了大流量时虽然能够挟带更多的泥沙出库，但入库沙量也较多，因而排沙比无法达到最大，而次大一级流量，虽然挟沙力略有减小，但入库沙量减小得更多；不同粒径的泥沙亦表现出不同的特点，细颗粒泥沙排沙比随流量变化趋势与全沙一致，但对于粒径大于 0.062mm 的较粗泥沙，排沙比随流量的增大呈减小的趋势；排沙比作为水库淤积中的一个重要指标，表征了入库沙量与水库输沙能力的对比关系，排沙比大小除决定于水流挟沙力外，还决定于入库沙量的多少。

（2）依据实测资料对恢复饱和系数进行了率定、分析，不同粒径泥沙所对应的恢复饱和系数的数量级可达 $10^{-2} \sim 10$，揭示了恢复饱和系数的多值性；恢复饱和系数一般随着粒径的增大而减小，随摩阻流速的增大有先减小后增大的趋势；建立了恢复饱和系数与悬浮指标的经验关系公式，与已有理论公式相比结果基本吻合，而且具有结构简单、运用方便的优点。

(3) 60 系列水沙条件下，汛限水位持续时间越长，平衡纵比降随汛限水位续时间的延长而变小的幅度越缓，亦即在一定程度上缩短汛限水位持续时间对平衡纵比降影响较小；水沙过程可分为三种基本类型，平衡纵比降随汛限水位时间的变化特点因水沙过程而异，其中Ⅰ型的水沙条件为汛后蓄水时间的提前提供了可能，汛限水位持续一定时间后，平衡纵比降随汛限水位持续时间的延长变化较小；Ⅱ型的水沙过程平衡纵比降随汛限水位持续时间变化的拐点出现得较晚，在此之前平衡纵比降随汛限水位持续时间的缩短而迅速增加；Ⅲ型的水沙过程，造床流量随汛限水位持续时间的变化而略有增加，但不存在明显的拐点，平衡纵比降随汛限水位持续时间的变化幅度基本维持不变，Ⅱ型、Ⅲ型的水沙过程均不利于汛后蓄水时间的提前。

(4) 特征水位降低造成泥沙淤积量相应减少并不是绝对的，水库淤积量的变化，取决于降低水位增加的输沙量与蓄水期间减小的输沙能力的对比情况；无论是优化水库蓄水时间还是优化水库特征水位，均应考虑水沙条件的影响，调度方式变化对水库淤积的改变，最终决定于调度方式所引起的水库输沙能力变化和入库水沙过程的相互适应。

(5) 变动回水区河势调整与河型转化现象的发生，均是由于水库壅水后改变了原有的水动力条件，破坏了天然情况下洪淤枯冲的平衡状态，汛期在非主流带淤下的泥沙汛后或翌年的消落期无法冲走，发生累积性淤积，从而改变了原有的河道形态，直至建立与新的水动力条件相适应的平衡状态；来沙量减少与来沙级配变细后，由于河段水动力条件没有发生变化，变动回水区典型河段淤积发展趋势并不会发生改变，河型转化与河势调整现象仍将发生，但淤积发展速度减缓，从而造成碍航问题出现的时间也随之推迟。

6.1.2　梯级水库泥沙淤积特点

(1) 水库兴建后，使年内径流过程表现为汛期流量减小、枯水期流量增加，年内变幅减小。梯级水库对径流过程的改变，取决于各水库对径流过程调节作用的累加，而各水库对径流过程的改变又决定于各自的调度方式：若各级水库汛限水位、正常蓄水位持续时段或蓄、泄水时机重合，则汛期流量减小、枯水期流量增加的趋势较单个水库得到增强；若各级水库蓄、泄水时段相反，或一级水库蓄、泄水而另一级水库维持水位不变，则对径流过程的改变表现为相互削减或由某一级水库决定。

(2)梯级水库群对输沙量及级配的改变，在时间上则表现出渐变性，在空间上则表现为累加性：上游梯级越多，拦沙作用越明显，沙量恢复过程也就越慢；对于水库运行初期而言，上游梯级的增多引起的沙量减少作用是逐渐减弱的，这是由于上级水库初期出库多为细颗粒泥沙，沙量已经大幅度减少，进入下一级水库的入库沙量超饱和程度较天然情况减弱，淤积强度降低，排沙比较大；梯级水库累加作用使同期出库泥沙更细、级配恢复的速度更为缓慢。

(3)梯级水库中，下级水库淤积强度降低，淤积发展速度放缓，达到初步平衡的时间大大推迟，变动回水区河段甚至会发生长时间的冲刷；上游建库后水库的淤积发展速度除取决于水库自身特性外，还决定于上级水库的淤积发展速度，即上级水库出库沙量的恢复程度；梯级累积作用下，上游梯级越多，拦沙效果越显著，含沙量与级配恢复速度越慢，因而泥沙淤积强度越低、淤积发展速度越缓慢，但在水库运行初期的一定时期内，梯级的累积影响效果呈逐渐衰减的趋势。

(4)梯级水库中排沙比随时间的变化趋势呈两种形式，一种与单个水库相似，初期排沙比较小，随着淤积的发展排沙比逐渐增大，另一种则表现为初期排沙比较大，其后呈先减小后增大的趋势。排沙比变化的特点决定了水库纵向淤积形态发展过程，第二种情况下梯级水库会由单库运行时的三角洲淤积—锥体淤积转化为带状淤积—三角洲淤积—锥体淤积；梯级作用下虽然淤积发展过程减缓，三角洲到达坝前时间推迟，到达坝前时水库上段河底高程明显低于水库单独运行时，但由于上游建库后来沙更集中于汛期的大水期，因而上游建库后下级水库最终平衡纵剖面将超过不考虑上游建库时的纵剖面。

(5)梯级水库兴建以后，并未改变变动回水区典型河段的水动力条件，淤积部位与淤积发展趋势并未发生发生变化，区别仅在于淤积强度降低和淤积发展速度减缓；河型转化与河势调整仍将发生，但主支汊易位与河型转化完成的时间大大推迟，航槽移位与碍航问题出现的时间也随之推迟。

6.1.3 梯级水库水沙联合优化调度模型

(1)梯级水库的兴建使得水库防洪目标制定需考虑各个水库的防护对象、为各个防护对象所预留的防洪库容以及各个水库承担防洪任务的时段，这既增加了梯级水库防洪问题的复杂性，也为研究梯级水库防洪效益留下了空间。一旦各水库防洪目标确定以后，在保证防洪对象安全行洪的条件下，就无法进一步发挥更多的效益，这就为在达到防洪目标的基础上研究水库综合效益的进一步优化提供了可能。

(2)梯级水库兴建后，对下级水库航运效益的影响是有利有弊的：变动回水区碍航问题出现的时间推迟，即用于整治或疏浚工程的总投入减小，相当于增加了变动回水区航运效益；枯水期来流增加，下泄流量随之增大，有利于下游航道条件的改善；蓄水期若与上级水库重合，则蓄水期来流量减少，对下游航道条件又产生不利影响。

(3)梯级水库兴建后，下级水库蓄水期发电量减少、枯水期发电量增加，水库年发电效益的变化取决于由径流过程改变所引起的发电量增减的对比情况；从发电效益随蓄水时间变化的情况看，下级水库并非蓄水时间越早发电效益越大，而是应与上级水库蓄水时间错开一定时段，才能获得更大的发电效益。

(4)梯级水库群泥沙调度除应包括通过控制水库泥沙淤积数量实现水库长期利用与防洪库容保留外，还应包括通过控制碍航浅滩淤积发展速度实现水库通航效益的最大化，以及使得水库群整体长期运行中随水库库容曲线变化所产生的总的发电效益最大化。

(5)采用约束法将多目标优化问题转化为单目标问题，以梯级水库长期发电量作为优化目标，而将防洪、航运、水库长期使用等目标转化为约束条件，建立了梯级水库水沙联合优化调度模型；模型中通过控制水库变动回水区泥沙淤积量保证水库长期使用，通过控制碍航浅滩淤积发展速度保证满足典型河段通航的要求，并且通过水库库容曲线的变化反映了泥沙淤积对发电效益的影响；通过建立泥沙信息库并利用 BP 神经网络对信息库中的数据进行拟合的方法，使得泥沙淤积计算效率与径流调度相匹配，可有效增加遗传算法对建立的模型进行求解的精度以及速度。

6.1.4　溪洛渡、向家坝、三峡梯级水库调度方式优化

(1)在现有设计调度方式下，溪洛渡、向家坝、三峡水库均能安全调蓄 1950～2007 年实测洪水系列。溪洛渡水库蓄水期能够满足保证出力，但枯水期有较多天数不能满足保证出力；由于上游溪洛渡水库 9 月份蓄水，向家坝水库入库流量减少，9 月份发电量较天然情况下降低，枯水期发电量则由于溪洛渡水库的补水作用而有所增加，溪洛渡建库后向家坝水库年均发电量略有增加；上游溪洛渡、向家坝建库后，三峡水库蓄水期发电量减少、枯水期发电量增加，年均发电量较上游无库条件下有所增加。

(2)上游建库后对下级水库航运效益的影响是有利有弊的：向家坝水库、三峡水库枯水期下泄流量出现通航破坏的天数较上游无库情况下明显减小，枯水期水库下游航运条件趋于改善；蓄水期由于上游溪洛渡、向家坝水库蓄水，三峡水库蓄水期入库流量减少，因而蓄水期下泄流量出现通航破坏的天数增多。同时，设计调度方式下上游建库后，下级水库蓄不满情况进一步加剧，且平均蓄水期末水位也呈降低的趋势。

(3)防洪目标是进行梯级水库联合优化调度时必须满足的约束条件之一。设计调度方式下，溪洛渡、向家坝水库联合运用可以使李庄的防洪标准提高到 50～100

年一遇：可以安全调蓄 50 年一遇洪水，并可以抵御 1981 年、1991 年和 1998 年洪水，但由于 1966 年洪水洪峰较晚，因而无法完全调蓄这种类型的 100 年一遇洪水；在不考虑上游其他水库兴建的条件下，若遭遇 1966 年洪水，在设计调度方式的基础上提前蓄水将可能加大防洪风险，从防洪的角度而言，上游无库条件下溪洛渡、向家坝水库蓄水日期维持在 9 月中旬较为合适；考虑白鹤滩等水库兴建后，溪洛渡、向家坝水库均提前至 9 月 1 日蓄水，仍可以安全调蓄 100 年一遇洪水，上游建库不仅有助于防洪标准的提高，也为蓄水优化提供了可能。

（4）溪洛渡、向家坝水库达到初步平衡后，泥沙淤积量随着蓄水时间的推迟而减少，随着蓄水时间的提前而增加，但泥沙淤积量随蓄水时间的变化幅度存在着临界现象，汛限水位持续一定时间后泥沙淤积量随蓄水时间的变化幅度趋缓：上游无库条件下，溪洛渡水库 9 月 11 日后、向家坝水库 9 月 1 日后，淤积量随蓄水时间变化幅度较小；上游建库条件下，溪洛渡水库蓄水日期提前至 9 月 1 日、向家坝水库提前至 8 月 21 日，百年末淤积量增加不超过 2%。

（5）梯级水库群中下级水库发电效益，受到上级水库调度方式及其对径流调节的影响。仅对下级水库而言，并非蓄水时间越早发电效益越大，而需与上级水库蓄水时间错开一定时间，才能达到发电效益的最大化。但就水库群整体发电效益而言，则需通过联合优化调度，来实现梯级水库群发电效益的最大化。综合泥沙淤积与防洪目标对溪洛渡、向家坝、三峡水库蓄水时间的制约，上游建库条件下溪洛渡、向家坝水库蓄水日期可以提前至 9 月 1 日，在此基础上利用第 4 章建立的梯级水库水沙联合优化调度模型对溪洛渡、向家坝、三峡水库优化调度的结果表明，三个水库蓄水时间组合为 9 月 11 日、9 月 1 日和 9 月 1 日时，可以在满足现有防洪标准且泥沙淤积变化不大的前提下，实现梯级水库群长期发电效益的最大化。

6.2　展　　望

本书在当前研究成果的基础上，对梯级水库泥沙淤积规律及调度技术进行了一定程度的探讨，并结合三峡水库及金沙江下游梯级水库等具体工程进行了实践应用。鉴于泥沙运动现象的复杂性，加之笔者水平有限，书中仍存问题悬而未决，需要进一步深入研究以使本书的研究成果得到进一步完善。

（1）无论是单个水库泥沙淤积规律还是梯级累积作用下的泥沙运动特点，均遵循水库泥沙运动的一般规律，即水库悬移质运动的一般规律——非均匀悬移质不平衡输沙规律。非均匀输沙作为泥沙学科的难点，在挟沙力系数、恢复饱和系数、悬移质级配等方面的研究不足仍然制约着泥沙数学模型模拟精度与技术的提高。因此如何结合实测资料，进一步完善数学模型中关键参数与模式的确定方法，是以后进行研究的重要内容,也是检验与完善大型水利工程已有预测结论的重要手段。

(2)对梯级累积作用下的泥沙淤积规律进行了初步性质的探讨,关于梯级水库纵、横向形态发展演变特征得到了一些趋势性的结论。在以后的工作中,尚需结合已有成果,对梯级水库群泥沙冲淤变化的机理做更加系统、细致而深入的研究,以期能给出相关的理论表达式。

(3)建立的梯级水库水沙联合优化调度模型,主要是在满足不改变平衡状态与不降低防洪标准的前提,以水库长期发电效益最大为单目标进行的,对航运目标考虑得仍较为简单。因此在如何量化航运目标及量化泥沙淤积、梯级运用等对航运目标的影响,以及如何实现综合效益水沙联合优化等方面均需进一步研究。